# 欧美当代艺术首饰

## Contemporary Art Jewelry in Europe and America

胡世法　著

上海科学技术出版社

**图书在版编目（CIP）数据**

欧美当代艺术首饰 / 胡世法著. -- 上海 ： 上海科
学技术出版社，2023.11
　ISBN 978-7-5478-6269-8

　Ⅰ．①欧… Ⅱ．①胡… Ⅲ．①首饰－设计 Ⅳ.
①TS934.3

中国国家版本馆CIP数据核字(2023)第140533号

————————————————————————————————————————

**欧美当代艺术首饰**

胡世法　著

上海世纪出版（集团）有限公司
上 海 科 学 技 术 出 版 社　出版、发行
（上海市闵行区号景路 159 弄 A 座 9F–10F ）
邮政编码 201101　　www. sstp. cn
上海展强印刷有限公司印刷
开本 889 × 1194　1/16　印张 12.75
字数 380 千字
2023 年 11 月第 1 版　2023 年 11 月第 1 次印刷
ISBN 978–7–5478–6269–8/J·80
定价：125.00 元

# 内容提要
## SYNOPSIS

本书以艺术设计创作视角统摄欧美当代艺术首饰的理论研究,从现代设计运动、工作室手工艺运动、现代艺术思潮、手工艺复兴运动、后现代艺术等方面,多角度阐述欧美当代艺术首饰的发展演变历史脉络。本书着重阐述了欧美当代艺术首饰创作理念,对大量首饰创作实例及代表人物个案进行了细致剖析,揭示了欧美当代艺术首饰的艺术本质,由点及面地呈现了欧美当代艺术首饰的多彩世界,展望了当代艺术首饰的美好未来。

本书图文并茂、深入浅出,对首饰专业学生、职业珠宝师、设计师、手工艺爱好者、艺术从业者来说,都具有较高的参考价值。

# 前 言
PREFACE

　　首饰是最古老的艺术形式之一，当代艺术首饰发端于近代西方，目前还是个年轻的艺术类型。时至今日，它得到了极大的发展，已呈现出异常丰富多元的面貌。

　　在当代语境下，首饰变革始于欧美等西方发达国家，我国在此领域还是极其年轻的参与者，国内当代艺术首饰的概念最初是在 20 世纪 90 年代末和 21 世纪初从欧美等国家引入，目前其创作活动大多集中在高校，可以说中国当代艺术首饰目前还处于初步成长阶段。近年来，国内当代艺术首饰正在蓬勃发展，不论国际交流、互联网信息，还是留学生项目，都为我们提供了丰富的资讯。但目前国内的当代艺术首饰发展更多地停留在创作实践层面。

　　作为一个学科专业，除了实践，其理论的研究更加重要，因为良好的理论会进一步促进学科发展。国内首饰领域理论研究著作比较稀少，社会上大多数图书更多侧重对作品图片的展示和技法的解析，理论研究层面比较稀缺。在当前首饰行业蓬勃发展的现状下，就当代艺术首饰这个学科专业来说，系统地梳理其发展的脉络，研究其内在的创作规律，形成完备的学术理论体系，对首饰教育领域及首饰行业都显得尤为重要和迫切。

　　笔者是当代艺术首饰的创作实践者，有着切身的学习经历。由于热爱艺术首饰，本人于 2014 年初创办了当代艺术首饰艺术家作品推广的平台：微信公众号——新饰界，到目前为止已经搜集、整理、发布了首饰艺术家 1 000 多位。该公众号主要面向当代艺术首饰发源以来的代表首饰艺术家，在调研过程中笔者接触到众多的欧美当代艺术首饰，积累了大量的首饰创作第一手资料，由此萌发了想要一探欧美当代艺术首饰创作规律和研究当代艺术首饰理论的想法。鉴于此，本人在攻读博士学位阶段精心研究欧美当代艺术首饰创作理念，本书的主体部分正是来源于本人的博士学位论文。

本书聚焦当代艺术首饰的发源地——欧美，搜集当代艺术首饰创作的相关文献资料，分析研究大量的创作实践案例，以欧美地域相对成熟的当代艺术首饰发展的具体实践成果作为研究的立足点，以期形成欧美当代艺术首饰创作的系统理论；厘清当代艺术首饰创作理念演进变迁的规律，探索当代语境下首饰设计与艺术、手工艺融合发展的路径，为当代设计在首饰方向寻找新的可能性，并赋予首饰以多元再生；利用研究的理论成果来促进我国首饰设计未来的发展，拓宽首饰研究领域的国际学术视域，为当代手工艺理论添砖加瓦，为广大首饰、手工艺、艺术、设计、时尚行业的学习者、从业者展现一个多彩的当代艺术首饰世界。

"当代艺术首饰"这种艺术类型还十分年轻，我国的首饰蓬勃发展正需要相关的理论，我希望此书能抛砖引玉，为首饰领域的发展做点微薄的工作。

感谢我的博士生导师杭间教授对我的多方指导和帮助，我的硕士生导师郭新教授一直对我爱护备至。他们是我的人生导师，没有他们就不会有这篇文字，感恩不尽，借此机会向他们致以最深的谢意！

胡世法

2023 年 8 月

本著作受上海工程技术大学学术著作出版专项资助

# 目　录
CONTENTS

# 第一章
# 首饰与欧美当代艺术首饰

Chapter 1　Jewelry and Contemporary Art Jewelry in Europe and America

## 第一节
## 首饰概述

*Section 1　Jewelry Overview*

首饰是人类最古老的艺术形式之一，甚至可以说和人类的历史一样久远。史前的人类就已经在身体上进行涂色或文身，直到如今世界上的一些地区仍是如此。当今人们认知中的首饰其实是源自尼安德特人时代，当时西班牙地区的洞穴居民会用贝壳为自己制作装饰品。在今捷克某城镇附近发现的来自 4 万多年前仍保存完好的布尔诺人尸体就佩戴了形式多样的装饰品。有记载的首饰有 7 000 多年的历史，它最早出现于文明核心地带的美索不达米亚地区和古埃及地区。在人类社会发展历程中，首饰自古以来都占有重要的地位，是一种重要的文化符号。它曾出现在人类远古时期的许多文化中。全球各地的不同族群创造和发展出了各自不同的首饰类型。

在东方文化里，首饰原本通指男女头上的饰物。中国旧时又将首饰称为"头面"，如梳、钗、冠等，后成为全身装饰品的总称。《汉书·王莽传（上）》记载："百岁之母，孩提之子，同时断斩，悬头竿杪，珠珥在耳，首饰犹存……"[1]《辞海》中将首饰定义为："本通指男女头上的饰物。《后汉书·舆服志（下）》：'后世圣人……见鸟兽有冠角頼胡之制，遂作冠冕缨蕤，以为首饰。'"[2]我国的首饰文化历史悠久、丰富多彩，在浩瀚的历史长河中，历朝历代几乎都有自己独具特色的首饰风格与文化。

西方在公元前 2500 年，苏美尔人就已出现了技艺精湛、震撼人心的黄金首饰。他们将黄金锻打成极致纤薄的金箔，用金箔制成的树叶花瓣，甚至可以像流苏一样悬挂着。另外，古埃及、两河流域地区也出现了陶瓷和宝石串珠项链，以及众多不同类型的首饰。欧洲的首饰文化也是辉煌无比，无论是古希腊、罗马、中世纪拜占庭等历史时期的首饰，还是文艺复兴时期、新艺术时期等历史变革产生的各种新的首饰类型，数不胜数，简直是一部皇皇巨著。

经历了数千年的发展，现代的首饰与古代的首饰已经产生了巨大的区别，现代的首饰广泛指以贵重金属、宝石等加工而成的耳环、项链、戒指、手镯等，一般用以装饰人体，也具有表现社会地位、显示财富及身份的意义。首饰定义有广义和狭义之分，广义定义是指用

---

[1]　孙晨阳、张珂：《中国古代服饰辞典》，中华书局，2015。

[2]　《辞海》，上海辞书出版社，2022。

图 1.1 天堂鸟胸针（来自法国品牌
卡地亚，1948）
品牌巴黎特别订制款。

1　爱德华·卢西·史密斯:《世界工艺史》，朱淳译，浙江美术学院出版社，1992。

各种金属材料、宝玉石材料、有机材料以及仿制品制成的装饰人体及其相关环境的装饰品。可以看出，广义首饰已包含了首饰、配饰、摆饰的部分范围，或者说三者走向了一体，这是当今首饰业的发展方向。狭义层面，首饰是指用各种金属材料或宝玉石材料制成的，与服装相配套、起装饰作用的饰品。首饰由于大多使用稀有贵金属和珠宝，因此价值较高。随着社会节奏的加快，新材料、新观念不断进入，首饰的界限越来越模糊。悠久的历史促使首饰发展成为一个独立的门类，首饰有着自己的传统、习俗、规范和功能，同时也具有了多重的意义。在经年累月的发展中，其形成了许多名称，如"古董首饰""传统首饰""现代首饰""艺术首饰""概念首饰""个性化首饰""商业首饰""珠宝首饰""工作室首饰""时装首饰""假首饰"等。

　　要想明确地说清什么是首饰不是一件简单的事，这一点从首饰拥有以上无数的名称就可以感受得到。通常人们容易将首饰与珠宝混为一谈，一般直接称其为"珠宝首饰"。"珠宝首饰具有双重意义，首先，在一个没有可依赖的银行体系的社会中，它是可携带的财富；其次，珠宝还有一种复杂的巫术和占星术方面的意义，根据不同的色彩，珍贵的宝石分别表示不同的自然力量。"[1]

　　首饰与珠宝首饰是总分关系，首饰是一个总的类别，珠宝首饰是其中的一个大的子类别，它侧重于制作成品的贵重材料——金、银、铂等贵金属或名贵宝石。与珠宝首饰相对应的是商业首饰。商业首饰是指那些由工厂的设计师设计、由制版师制出母版，再交由不同车间通过不同工序制作，为满足商业需求而大批量生产的产品，珠宝首饰本身就是商业首饰。商业首饰设计上比较保守，往往在大型商场出售，设计往往是首饰中最不重要的一个方面，购买这种首饰主要是为了庆祝或宣布一个活动、订婚、婚礼、结婚纪念日。人们购买的主要考虑因素是，它应该看来令人印象深刻、价格昂贵。许多商业首饰是在一个狭隘的概念范围内设计出来的，在大多数的商业首饰中，设计只是作为宝石和珍贵材料的载体，如著名的商业首饰品牌卡地亚（Cartier）、宝诗龙（Boucheron）、梵克雅宝（Van Cleef & Arpels）以及其他品牌都在自己的作坊中源源不断地生产出奢华的珠宝首饰。图 1.1 的天堂鸟胸针是 1948 年卡地亚巴黎特别订制款，图 1.2 的宝格丽彩宝项链是制造商为客户设计的高级定制珠宝。这些珠宝首饰由于工艺繁杂，往往需要一些独特的技能和加工工艺，如钻石镶嵌本身就是一项需要高度技艺的独立行业，因此要求工艺人员必须长时间地学习且专门从事这一种工艺。也正因如此，这种珠宝首饰的设计者和制作者往往并不是同一个人，产品在全部完成之前通常要经过许多道工序，并且多由人工制作。

　　商业珠宝生产体系中出产的这种经过极为精心修琢的首饰或许相当乏味，它与那种从设计到制作全部由一个人承担的首饰形成了强烈的对比，后一种产品还常常故意留下一些手工制作的痕迹。它们对应于不同的市场，表达了对生活截然不同的态度。首饰除了上述的特征外，在一定程度上还具有"护身符"与"治疗能力"等附加意义；另外，有些佩戴者还认为首饰具有一定的精神魔力，它们能保护自己、带来好运、抵御负面力量等。

图 1.2　彩宝项链（来自意大利品牌宝格丽，1982）
品牌 125 周年顶级珠宝系列。

## 第二节
# 欧美当代艺术首饰的界定

*Section 2    The Definition of Contemporary Art Jewelry in Europe and America*

在全面展开本书主要内容前，我们首先必须对欧美当代艺术首饰做出明确的界定。"欧美"通常指欧洲和美国，泛指西方国家。在本书中"欧美"特指美国和欧洲部分国家。目前欧洲共有48个国家和地区，地域广泛，本书篇幅所限，要对欧洲全休国家的首饰内容做全面的阐述是不可能做到的，所以本书主要针对欧洲当代艺术首饰发展较为成熟的代表国家，如英国、德国、荷兰和意大利等国展开。除了上述四个国家的相关内容之外，本书还涉及其他国家的极少量首饰人物，虽然这些人物不属于欧美，但他们是在欧美接受的首饰教育，鉴于其影响力，也进行了收录。

当代艺术首饰中的"当代"可以分两个层面来理解，一是指当下的时代，这是一个时间概念，它相对于现代而言，有时也与现代同义。在本书中"当代"特指第二次世界大战之后至今这一时期。二是指一种风格，在内涵上主要指具有现代精神和具备现代语言。艺术首饰区别于大批量生产的商业首饰，是以艺术创作的方式展现创作者的艺术理念，涵盖纯艺术、装饰美学、技艺研究、材料探索及不同观念方向的集合，且大多数首饰创作者从设计到制作完成等流程都是由自己独立完成的。

在近代首饰的发展过程中曾出现过很多各不相同的名称，如作家首饰（author jewelry）、工作室首饰（studio jewelry）、艺术首饰（art jewelry）、概念首饰（conceptual jewelry）、现代首饰（modern jewelry）、当代首饰（contemporary jewelry）、当代艺术首饰（contemporary art jewelry）等。由此可以看出，当今首饰面貌的多样性，各种名称相互交错融合，既有区别又有联系。这些名称更多的是体现了当代艺术首饰的不同层面，但相对来说又有其局限的一面。在欧美的表述语境中，"当代艺术首饰"大致等同于"当代首饰"。

美国早期首饰艺术家菲利普·莫顿（Philip Morton）在他的《当代首饰》（*Contemporary Jewelry*）一书中写道："当代首饰是指那些反映出思想、造型和我们生活的世界之关系的首饰，它们的根基深深立足于现代艺术的传统之中。"莫顿的"当代"一词，在此显然不单单是指时间概念，而是指一种具有现代感、当代审美，不同于传统风格特色的另一种首饰艺术形式。当代首饰是具有思想性的，有精神内涵的，能反映出我们所处的时代、所生活世界的各种关系的，带有反思性的作品。莫顿的定义指出首饰与现代艺术的紧密关联性。

另一位著名的美国当代首饰艺术家苏珊·莱文（Susan Lwein）对艺术首饰也有着很好的系统性研究。她在所著的《今日美国首饰》（*American Jewelry Today*）一书中，就艺术首饰如何定义问题写道："传统意义上来说，首饰有诸多功能，如显示地位、装饰身体、象征意义、参与仪式、表演魔术、用来纪念某种神圣或特殊的日子。但是，艺术首饰与传统首饰不同的是，艺术首饰是艺术家采用不同材质作为自我表现（expression）的一种艺术媒介。'艺术表现'是最重要的目的。大多数艺术首饰的创作者认为自己是通过首饰这种媒介进行艺术创作的艺术家（Jewelry artist），而非首饰匠（jeweler）。"[1]

如何界定"当代艺术首饰"这个概念，将首饰作为艺术类别是当今世界最具争议性的话题之一。当代艺术首饰是必须被评估的首饰，就像美术一样，因为它是由其理念、创新、直觉、内容，而不是由其贵重的材料或符合传统来确定的。它是可以被佩戴的艺术，在与身体直接接触方面，它比所有其他媒介都更具有独特的优势，因此，它有一种迷人的亲密感——与身体的密切接触。当代艺术首饰创作者批判性地研究他们的首饰观念，用不同的技术有意识地探索作品如何适应首饰传统（各种各样的首饰和人类文化的装饰）与首饰相关的问题（身体、佩戴、材料、珍贵程度、物品类型等）。

当代艺术首饰创作者能够控制从创意到最终产品的整个过程，包括展示和分销，佩戴的行为体现了特定的、额外的维度，这一维度将首饰与其他艺术学科区分开来。与佩戴者的关系是首饰另外一个基本特征，艺术首饰通过其制作者的意图而区别于普通珠宝首饰，创作者们出于各种各样的原因选择首饰作为其艺术表现的方式。当代艺术首饰与其他美术学科的唯一本质区别在于它与身体及佩戴者的关系。正如空间对雕塑至关重要一样，佩戴也是首饰的一个重要因素。笔者认为，当代艺术首饰是一种面向身体的独立艺术形式，它与艺术、设计、手工艺、时尚方向既联系又区别。艺术理论学者达米安·斯金纳（Damian Skinner）把当代艺术首饰定义为"当代首饰是一种面向身体自我反映的手工艺实践形式"[2]，这一定义强调了首饰是朝向身体，用手工艺的方式呈现自我。这一定义最接近本书所要研究的主题。

本书的主题"欧美当代艺术首饰创作理念"中的"理念"含义包含思想、观念和信念之意。在英文的语境中，"concept"和"idea"都可以翻译成理念。"concept"的中文释义为"概念、理念、观念、想法"[3]，而"idea"的中文释义为"想法，主意"[4]。这两个词义在"想法"这个释义部分是重叠的，但"concept"一词更侧重"概念"的含义，与"理念"的中文意义最为相符，因此本书所述的"理念"对应于"concept"，主要包含概念思想和观念想法这个层面，即本书主要聚焦于当代艺术首饰的创作概念和创作想法。

1 郭新：《海上十年》，上海大学出版社，2017，第102页。
2 Damian Skinner, *Contemporary Jewelry in Perspective* (New York: Lark Book, 2013), p.11.
3 《朗文当代高级英语辞典》，外语教学与研究出版社，2019，第511页。
4 同上书，第1282页。

# 第二章
# 欧美当代艺术首饰的源起与发展

Chapter 2　The Origin and Development of Contemporary Art Jewelry in Europe and America

## 第一节
## 现代设计运动对当代艺术首饰创作的促进

*Section 1　The Promotion of Modern Design Movement to Contemporary Art Jewelry Creation*

象征财富、地位和权力为主。

　　回望西方古代的首饰创作者，并不存在当今的所谓艺术家、设计师和手工匠人这些不同类别之间的明确区分，那时的创作者往往一人兼具不同的身份，这种情况一直持续到文艺复兴时期。文艺复兴运动中很多著名的画家、雕塑家都出身于金工匠或首饰工匠，如洛伦佐·吉贝尔蒂（Lorenzo Ghiberti）、桑德罗·波提切利（Sandro Botticelli）和安德烈亚·德尔·韦罗基奥（Andrea del Verrocchio）等。但文艺复兴之后，艺术家和工匠之间开始变得等级森严、相互对立，从此智力创作被认为高于体力创作，艺术家的地位凌驾于工匠之上。

　　18世纪末，英国的工业革命开启了西方手工艺向现代设计的转型，这一转型过程经历了艺术与手工艺运动、新艺术运动、装饰艺术运动，以及以包豪斯为代表的现代设计运动等关键发展阶段。众所周知，时代的发展一定会影响到首饰的发展，这些运动为当代艺术首饰理念的萌发提供了坚实的基础。

　　首先，艺术与手工艺运动开启了现代设计的新篇章，威廉·莫里斯（William Morris）、约翰·拉斯金（John Ruskin）、阿瑟·马克默多（Arthur Mackmurdo）、查尔斯·R.阿什比（Charles R. Ashbee）、查尔斯·弗朗西斯·安斯利·沃赛（Charles Francis Annesley Voysey）等此次运动的主将在家具、金工、纺织品、图案、书籍装帧等设计方面成绩斐然。虽然此次运动对首饰并没有突出的贡献，但对金工方面的革新其实已经为首饰的现代化进程埋下伏笔。传统的首饰主要以金、银等贵金属材料进行加工制作，金工向来与首饰联系紧密、互为

　　欧美当代艺术首饰起源于20世纪40年代。第二次世界大战结束之后，世界经济开始复苏，伴随着经济的好转和人们生活水平的提高，欧美文化艺术得到了进一步的发展，首饰也自此发展加速。现代设计运动之前的首饰创作理念在相当长的时期内几乎一成不变，一直都以凸显贵重材料，

一体，所以传统首饰大多来自金工作坊。从某种意义上来说，金工的发展其实就是首饰的发展。艺术与手工艺运动在莫里斯和拉斯金等人的指导下，提出了"美术与技术的结合"的原则，主张美术家从事产品设计，反对"纯艺术"，强调手工艺，明确反对机械化生产等主张对首饰这类手工艺无疑起到了强烈的促进作用。美术家的介入为首饰的发展注入了艺术的能量，对手工艺的强化也促进了首饰工艺的传承，还对消除美术与手工艺两者之间的隔阂起到了一定的作用。

此外，艺术与手工艺运动还反对设计只为少数贵族服务，强调要为大众服务，反对精英设计，这为当代艺术首饰的民主设计理念的提出奠定了基础。"随着拉斯金、莫里斯等该运动的核心人物在全欧洲的影响日益扩大，他们有关'艺术与手工艺的新统一'的理念逐步成为西方艺术界与设计界的共识。"[1]首饰在此潮流的影响下也渐渐地走向了艺术与工艺结合的创作理念，如查尔斯·R.阿什比是艺术首饰运动的先驱，当他第一次把自己设计，并在其个人指导下由伦敦东区的行会和手工业学校制作的珠宝公之于众时，几乎是一个人站在首饰改革的前沿。他的作品出现了全新的面貌，改变了对目标对象忠实模仿的动机，转而运用具有现代美学的抽象简化表达创作者对事物的主观处理意图，如图 2.1、图 2.2 展示的首饰中的孔雀和帆船不再酷似现实中的形象。阿什比的主观处理让传统题材具有新意。他的设计打破了西方首饰设计一直徘徊在新古典主义和复古风潮之间的现状，以艺术的手法将首饰这种古老技艺的新阶段重新建立了起来。

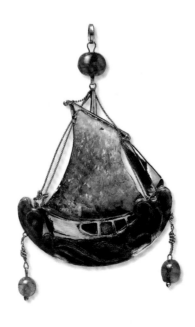

图 2.1（左） 吊坠（查尔斯·R.阿什比，1901）
材质为银、金、钻石、珍珠、石榴石，高 10.2 厘米。

图 2.2（右） 吊坠（查尔斯·R.阿什比，1903）
材质为珐琅金、银、蛋白石、钻石、电气石，高 7 厘米。

1　袁熙旸：《非典型设计史》，北京大学出版社，2015，第411页。

图 2.3（左） 胸针《蜻蜓》（雷乃·
拉力克）
材质为金、珐琅。

图 2.4（右） 胸针《孔雀》（雷乃·
拉力克）
材质为金、珐琅、宝石。

　　1890 年之后，随着"新艺术运动"在欧美各国的全面兴起，现代设计得以全面推进。这场运动也强烈地影响了首饰的发展，在此期间出现了一大批首饰大师，产生了独具特色的新艺术风格首饰类型，从此开启了西方首饰设计近代化的新篇章。这一时期首饰设计师的主体意识大为加强，越来越多的设计师倾向于将自己视作富有创造精神的艺术家，而不再是仅仅从事于某一项专业手工技能的匠人。他们不再满足于继承传统的专业技能，而是尝试将首饰作为一种独特的媒介来展示自身的艺术创造才能。

　　与西方传统首饰相比，新艺术首饰的特点是突出其设计中的艺术性特征。正是在这样的背景下，这一时期的欧洲各国出现了一大批艺术家型的首饰设计者，其中最著名的是雷乃·拉力克（Rene Lalique）、乔治·富凯（George Fouquet）、欧仁·格拉塞（Eugene Grasset）、阿方斯·穆哈（Alphonse Mucha）、亨利·韦维尔（Henri Vever）等。

　　这批设计师中以雷乃·拉力克最引人注目和最富有创造精神，其影响也最为深远。其作品胸针《蜻蜓》（图 2.3）造型大胆，将人、兽和蜻蜓结合，产生了一种超现实主义式的新奇美感，同时他用高超的透明珐琅技术营造出蜻蜓轻盈、通透的翅膀，体现出工艺的极致；胸针《孔雀》（图 2.4）的造型则体现了新艺术时期最为典型的流转有致的曲线元素，这种丝带状的曲线是"新艺术风格"最突出的标志，它是对自然万物生动特征的观察与模仿，造型高度概括，展现了创作者对生机蓬勃的自然界的热爱。这种极具形式美感的曲线现已成为"新艺术"典型的"纹徽"。

　　正是这批首饰家的创新，让这一时期的作品具有鲜明的自然主题、华美的色彩和新颖的形式。他们创造了新的艺术语汇和新的审美风格，令人着迷和惊奇，从这个意义上可以说，"新艺术运动"是首饰发展历史上的一次重大的变革。

　　一般认为新艺术运动的一大宗旨是力图填平横亘于纯美术与装饰艺术、实用美术之间的鸿沟。新艺术的大师们认为装饰艺术与纯美术同样作用于观众的观念与感受，两者之间并无绝对的界限，更不应该强作高下之分。这种观念直接影响到此时期的首饰设计[1]。

---

1　袁熙旸：《非典型设计史》，北京大学出版社，2015，第410页。

新艺术时期的首饰设计师对艺术性、独创性的关注与推崇，对西方首饰艺术的发展与创新无疑具有极为重要的意义，正是这种尝试促进了西方首饰设计风格的现代化[1]。

新艺术运动之后的装饰艺术同样对首饰的进一步发展起到了重要的作用，此次运动是20世纪20—30年代在法国、英国和美国等国家开展的一场设计艺术运动，它具有手工艺和工业化的双重特点，采用折中主义立场，设法把豪华、奢侈的手工艺制作与代表未来的工业化合二为一，以此产生一种新风格。这场运动主张采用新材料，主张机械美，采用大量的新的装饰手法使机械形式及现代特征变得更加自然和华贵；其造型语言表现为采用大量几何形、绚丽的色彩，以及表现这些效果的高档材料，追求华丽的装饰。这是场承上启下的国际性设计运动[2]。

装饰艺术运动期间，因为时装设计的出现，随之而来出现了对于服装装饰配件和各种新型首饰的需求。法国在1905年前后出现了现代意义的时装设计，日益增多的社交活动也是需求的一个刺激因素，因此法国的首饰设计出现了空前的繁盛。多变的发型对于发饰设计、头部饰品设计提出新的要求，对各种手镯、项链、耳环、胸针、戒指、领带扣与袖扣、腰带等的需求也大幅度增加，对设计的潮流日益重要。因此，不少设计家把装饰艺术风格的一些特征，如古埃及和东方图案风格、简单的几何造型风格、明快的色彩计划等引入首饰与服装配件的设计中。

这种设计到20世纪20—30年代达到一个高潮，出现了一些非常杰出的首饰设计大师。"漆器设计大师让·杜南（Jean Dunand）采用漆器来制作首饰和服装配件，具有强烈的东方色彩，很受欢迎。雷乃·拉力克采用非常鲜艳的金属材料设计首饰和服装配件，利用植物纹样与富于装饰性的女人体为装饰动机，加上用真丝作系带，也很突出。法国时装巨头可可·香奈儿（Coco Chanel）则采用夸张、大比例的首饰来满足特殊顾客的需求。其他重要的法国设计家还有艾利沙·什帕列利（Elsa Schiaparelli）等。正是这些大师的精彩创作，使首饰越来越引起大众的关注，逐渐地从纯粹的装饰走向了艺术。"[3]

与装饰艺术运动同时期闻名于世的德国包豪斯对首饰现代主义艺术风格的形成产生了直接的影响，让首饰的创作理念再次发生重大的变革。包豪斯的理论和实践对战后世界手工艺的发展具有举足轻重的地位，其中，最重要的便是将现代主义的观念、方法与风格带入了现代手工艺的创作和研究中。德国在1919年建立了包豪斯学院（图2.5），在它的建立之初就明确了对手工艺的重视，强调艺术家和手工艺人没有本质区别，主张重建艺术、手工艺和工业之间的新颖关系。这一点可以从它的第一任校长沃尔特·格罗庇乌斯（Walter Gropius）的宣言中得到证明："建筑师、雕刻家和画家们，我们都必须转向手工艺。艺术并不是一种

图 2.5　德绍包豪斯的校舍外观

1　袁熙旸：《非典型设计史》，北京大学出版社，2015，第419页。

2　王树良、张玉花：《现代设计史》，重庆大学出版社，2012，第44页。

3　同上书，第55—56页。

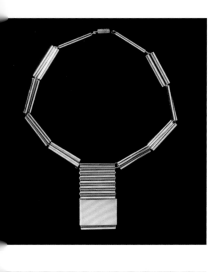

图 2.6（上） 项链（那奥姆·斯鲁特斯基，1930）
材质为黄铜镀铬；总长 25.4 厘米，吊坠长 6.7 厘米、宽 3.81 厘米。

图 2.7（下） 手镯（那奥姆·斯鲁特斯基，1930）
材质为钢、镀铬，直径 7 厘米、宽 2.7 厘米。

---

1 爱德华·卢西·史密斯：《世界工艺史》，朱淳译，浙江美术学院出版社，1992，第254 页。

专门职业。艺术家和手工艺人之间没有本质区别。艺术家是被捧高了的手工艺人，在灵感出现并超出他意愿控制的难得片刻，上帝的恩惠使他的作品变成了艺术的花朵。但是，手艺的娴熟对于每一个艺术家来说都是必不可少的。这正是富有创造力的想象源泉之所在。"让我们建立起一个新的手工艺者行会，其中绝没有工艺家和艺术家之间妄自尊大的等级差别之屏障。让我们共同设计、建造一幢融建筑、雕刻和绘画于一体的未来新大厦。有朝一日这大厦将通过千百万工人的双手直耸云霄，成为新的信念的明晰象征。"[1]

包豪斯强调艺术家必须转向手工艺，主张艺术家与手工艺人平等，建立手工艺组织，希望打破艺术与手工艺的隔阂，让手工艺与艺术融为一体。包豪斯宣言振聋发聩，从而开启了手工艺繁荣的新篇章，为手工艺进入艺术阵列埋下了伏笔。

包豪斯金工作坊的工艺大师那奥姆·斯鲁特斯基（Naum Slutzky）就是一名传统首饰的革新者，同时也是一位多才多艺的设计师。他在 20 世纪二三十年代就已经开始探索如何将包豪斯原则成功地应用于首饰。斯鲁特斯基 1894 年出生在基辅，是一个金匠的儿子。他 1919 年来到新成立的魏玛包豪斯，成为这里第一位金属作坊的工艺大师，并一直工作到 1923 年。首饰作为一种纯粹的装饰性物品，可能会对包豪斯的功利主义原则产生问题，当时很少有其他设计师选择在这一领域工作。斯鲁特斯基在包豪斯时期作品的现存照片展示了制作精良、简洁的现代主义设计风格。他在这一时期的首饰五花八门：一些是镶有圆形宝石的黄金；另一些是贱金属，主要是镀铬黄铜，很少添加颜色。所有的建构都遵循包豪斯的简洁和极少装饰的原则，并表现出对工业过程和单元建构的热衷，作品大多是由多个相同的部件构成，结构单纯、特色显著（图 2.6、图 2.7）。

1933 年，因德国社会动荡，斯鲁特斯基离开汉堡前往英国。在接下来 30 年的教学生涯中，尤其是在英国皇家艺术学院（Royal College of Art）和伯明翰工艺美术学院（Birmingham's School of Art and Crafts）担任工业设计系主任期间，那奥姆·斯鲁特斯基将现代主义设计原则引入首饰当中，打破了首饰的装饰传统，让首饰出现了简洁、抽象、现代的新面貌。包豪斯学院强调手工艺，提倡手工艺和现代设计是和平共处、殊途同归的两条道路。

现代设计运动极大地推动了首饰朝着艺术与设计的方向发展，当代艺术首饰开始进入萌芽阶段。

## 第二节
# 工作室手工艺运动推动当代艺术首饰的发展

*Section 2　Studio Crafts Movement Promotes the Development of Contemporary Art Jewelry*

"工作室手工艺运动"（Studio Crafts Movement）是一场发生于美国的关于手工艺改革的运动。它兴起于 20 世纪五六十年代，目的是实现手工艺向纯艺术的转化，摆脱传统"作坊"的束缚，以实现传统手工艺的现代转型，最终实现由工匠向艺术家身份的转化。该运动主要包括工作室陶艺、工作室首饰、工作室玻璃等各种手工艺行业。

工作室手工艺运动之所以在西方快速发展，得益于第二次世界大战后形成的新文化运行机制，有专业手工艺组织、专业艺术院校、博物馆、画廊、专业展览、专业期刊、理论权威及收藏家群体。在工作室手工艺运动的推动下，美国产生了一种全新的首饰类型——工作室首饰，其实就是当代艺术首饰的初级阶段。

工作室首饰的起源最早可以追溯到 20 世纪三四十年代的纽约市格林威治村（Greenwich Village），这里聚集了前卫艺术家、作家、音乐家、现代舞者。此运动中的首饰创作者开始制作反映 20 世纪立体派、超现实主义、建构主义、抽象表现主义等艺术运动影响的创新首饰。这些激进的首饰人大多自学成才，对复杂的金匠技术知之甚少，没有严苛的技术限制，他们可以随心所欲地大胆创作，成功地将原本可能是一个障碍的因素变成了优势。

山姆·克莱默（Sam Kramer）、阿特·史密斯（Art Smith）、埃德·维纳（Ed Wiener）、弗朗西斯科·拉巴耶斯（Francisco Rabajes）等是被吸引来制作"可穿戴艺术品"的艺术家。他们使用简单的技术，用银、黄铜和半宝石代替传统的宝石，创作理念经常受到现代雕塑、舞蹈和爵士乐的启发（图 2.8～图 2.10）。

图 2.8（左）手镯（阿特·史密斯，约 1948）
材质为铜、黄铜，高 10.4 厘米。

图 2.9（中）胸针（山姆·克莱默，1949）
材质为银、绿松石、石榴石，高 11.4 厘米。

图 2.10（右）胸针（埃德·维纳，1948）
材质为银，高 6.7 厘米。

美国的"工作室手工艺运动"与包豪斯手工作坊之间有着复杂的关联。1933 年包豪斯解散之后，大多数教授都移民到了美国，他们在美国的多所艺术院校任教。其中，莫霍利-纳吉（Laszlo Moholy-Nagy）于 1937 年在芝加哥创办了"新包豪斯"，沃尔特·格罗庇乌斯在哈佛任教，约瑟夫·阿尔伯斯（Josef Albers）同期在黑山学院和耶鲁大学工作。这些原包豪斯的中坚分子将新的艺术理念带入了美国这个新大陆，包豪斯的手工艺家们在这里播下了种子，在金工首饰、陶艺、纤维等领域都有了相当大的发展。这一批移居美国的包豪斯手工艺家成为战后美国手工艺界革新的中坚力量。基于本书的主旨，笔者仅对首饰展开阐述。第二次世界大战后西方手工艺发展的主流与最大变革是"工作室手工艺运动"的蓬勃发展。这种发展与包豪斯之间在某种意义上存在着一定的关联关系，美国在该运动的兴起、完善与传播中扮演了至关重要的角色。在这之前，美国的手工艺在世界上默默无闻，而在此之后则成为该领域的先锋领导者。

所谓工作室手工艺，是与过去的传统手工艺、民俗手工艺、家庭手工艺等形态相对而言的，其中工作室取代了过去的作坊，艺术家取代了手工艺人的身份。相对于对传统材料与技艺、对日用功能的高度关注，更重视艺术观念的传达、艺术个性的张扬、艺术手法的实验性，因而更强调审美性、观念性、创新性[1]。

一般认为"工作室手工艺运动"概念的发明者是英国现代陶艺之父伯纳德·里奇（Bernard Leach），"工作室手工艺运动"的发源也始于陶艺领域。

当然美国的"工作室手工艺运动"的发轫有其复杂的原因，但其中来自包豪斯的影响是显而易见的，不容低估。美国工作室手工艺运动的兴盛，以及当代艺术首饰创新理念发展的重要原因是各手工艺专业在高校中的广泛设立。这些专业包括陶瓷、玻璃、金工、首饰、家具、编织等。同时，美国政府在 1944 年通过了《退伍军人权利法案》，大批的战后复员士兵纷纷进入高校的手工艺课堂。此次运动中起重要作用的院校有北卡罗来纳州的黑山学院、密歇根州的克兰布鲁克艺术学院、罗切斯特理工学院下设的美国手工艺人学校、芝加哥"新包豪斯"、罗德岛设计学院，以及加利福尼亚艺术与手工艺学院等。此外，还有一些地方性的手工艺培训机构，如北卡罗来纳州的彭兰手工艺学校、缅因州的海斯塔克山手工艺学校、蒙大拿州的阿奇·布雷陶艺基金会，以及旧金山附近的彭特农庄作坊。来自包豪斯的很多艺术家、手工艺家、设计教育家在此类手工艺专业的创设与发展中做出了巨大的贡献，黑山学院就是一个代表。黑山学院是美国战后各种实验艺术的摇篮，从视觉艺术到音乐、舞蹈、戏剧、诗歌，其影响力极为深远。来自包豪斯的约瑟夫·阿尔伯斯与安妮·阿尔伯斯（Anni Albers）长期任教于此。

1　袁熙旸：《非典型设计史》，北京大学出版社，2015，第362 页。

1933 年，约瑟夫应邀在北卡罗来纳州的黑山学院任教时，阿尔伯斯一家搬到了美国。学校最终成了包豪斯教育的一个新的延伸和实验艺术中心。

安妮·阿尔伯斯在黑山大学教授纺织和纤维设计，同时也开始教授其他材料设计，包括首饰。安妮和她的学生亚历克斯·里德（Alex Reed）在前往墨西哥瓦哈卡（Oaxaca de Juárez）的旅行中，看到了哥伦布时代前的首饰运用珍贵材料和非珍贵材料的结合，他们受到这种灵感的启发，开始设计基于普通家居用品的首饰。

从 1940 年开始，安妮·阿尔伯斯开设了首饰课程，她和亚历克斯·里德合作，创作了一系列反贵重材料理念的首饰，这些首饰是用五金店购来的材料或当地的五角硬币来制造的。他们的首饰从朴素的材料如垫圈、丝带、回形针、螺帽、链条或圆形别针中想象出新的用途和独特的图案，强调了这些物品的现代性，而并没有试图将它们改造成更精致或更昂贵的东西（图 2.11、图 2.12）。尽管一些评论家嘲笑这批作品的材料，他们的批评揭示了大众对首饰的期望，认为首饰是经济展示和炫耀性的标志。但这种新首饰在艺术界广受好评，因为它对熟悉的物品进行了富有想象力的重新加工，并通过形式而不是其组成部分的昂贵材料来创造美。安妮与亚历克斯·里德用包豪斯的设计理念制作的系列新颖奇特的首饰作品曾在纽约现代艺术博物馆展出，产生了广泛的影响。这种创作理念对美国工作室首饰艺术的发展起到了积极的促进作用。

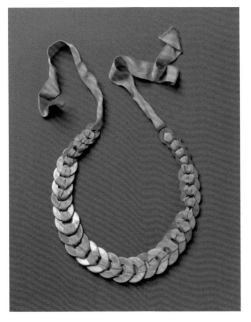

图 2.11（左） 项链（安妮·阿尔伯斯、亚历克斯·里德，1940）
材质为铝过滤器、回形针，长 40.6 厘米、过滤器直径 7.6 厘米。

图 2.12（右） 项链（安妮·阿尔伯斯、亚历克斯·里德，1940）
材质为五金垫圈、丝带。

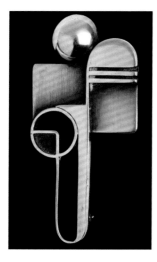

图 2.13（上） 胸针（玛格丽特·德帕塔，1947—1950）
材质为纯银、珊瑚、孔雀石，69.9 毫米 ×85.7 毫米 ×9.5 毫米。

图 2.14（下） 胸针（玛格丽特·德帕塔，1937）
材质为银，64 毫米 ×32 毫米 ×22 毫米。

---

1 袁熙旸：《非典型设计史》，北京大学出版社，2015。

芝加哥"新包豪斯"学校进一步促进了当代艺术首饰创作理念的发展，这所学校由包豪斯著名的手工艺教师莫霍利·纳吉创办。按照莫霍利·纳吉的设想，"新包豪斯"的教学在原包豪斯的基础上，更加强调跨学科的综合性实验，通过材料、技术、形态三者的综合性训练，希望学生能够充分释放内在的创造潜能[1]。

莫霍利·纳吉及其芝加哥新包豪斯培养出了杰出的首饰家玛格丽特·德帕塔（Margaret de Patta），她是美国工作室首饰艺术的先驱者。她来自美国西部，早年曾就读于圣地亚哥美术学院、加利福尼亚美术学院、纽约艺术学生联盟学院，主攻绘画。1940 年夏，德帕塔在奥克兰的米尔斯学院结识了当时在此授课的莫霍利·纳吉，被他的艺术理念深深折服，从此投入他的门下。经过新包豪斯的现代主义的熏染，德帕塔的首饰创作理念和艺术风格被打上了构成主义的烙印（图 2.13、图 2.14）。

1941 年之后，完成学业的德帕塔在旧金山从事首饰设计与制作，同时在美国西部传播包豪斯式的现代主义设计理念。她发起并组建了旧金山金工艺术行会，最早将工作室首饰艺术的理念引入美国西部。1946 年，她参加了纽约现代艺术博物馆举办的"现代手工首饰"展览；20 世纪 50 年代晚期，其作品被大英博物馆所收藏；1958 年，纽约当代手工艺博物馆为她举行了终身成就回顾展。在美国工作室首饰艺术的发展中，德帕塔堪称是里程碑式的人物。

德帕塔在艺术实践中创造了一种独特的镶嵌手法，其设计往往着力隐藏镶嵌的构造，用一种隐镶的方法，让镶嵌的功能部位不露痕迹，让宝石看上去像是附着、悬浮于金属构件之上，透明的宝石反映出底座下的结构与装饰，给人以虚幻的感受（图 2.15、图 2.16）。

对于德帕塔而言，她的作品主要问题导向这些方面：空间连接、基于用途的运动、透明性的视觉探索、反射的表面、图底关系、结构与新材料。德帕塔的作品中时常包含一种或多种此类的观念。雕塑与建筑的常规理念也是她首饰设计同样固有的，如空间、形态、张力、有机结构、尺度、质地、渗透性、叠印，还有经济意图。在首饰统一的整体中，每一种必要的元素都在各司其职。她在设计中有意对当代首饰的空间与结构、强烈的光线、开放的形态、悬挑与悬浮的结构及运动进行强调，来突出其时代的特色。

当德帕塔把她的注意力从绘画转向首饰制作时，在美国很少有创造艺术首饰的先例，这些首饰表达了包豪斯运动的现代主义原则和民主价值观。通过空间、光线、结构来体现现代性，她创造了一种反映其所处时代的艺术，同时挑战垂死的传统首饰设计和实践，并凭借娴熟的技术，将首饰与现代主义设计美学结合起来，将首饰打造为纯粹美丽的可穿戴雕塑。在

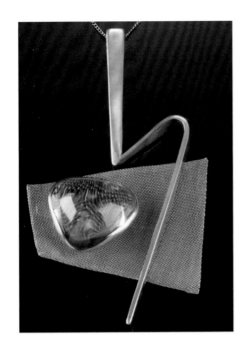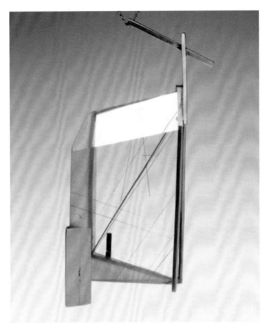

图 2.15（左） 吊坠（玛格丽特·德帕塔，1950）
材质为纯银、不锈钢网、石英，102毫米 ×76 毫米 ×32 毫米。

图 2.16（右） 吊坠（玛格丽特·德帕塔，1948）
材质为金、发红石英，82.6 毫米 ×28.5 毫米 ×19 毫米。

三维空间中构思出空间概念促使德帕塔从绘画转向首饰制作。她很快就摆脱了民族和保守的影响，成为最早从现代艺术中汲取灵感的美国首饰家之一。她在 1934 年左右制作的戒指与非洲面具的相似性表明了她对立体派视觉语汇的兴趣，在立体派视觉语汇中，原始主义起了相当大的作用。

德帕塔强调首饰的重要性，不是因为它的传统货币或地位价值，而是因为它有能力提高佩戴者的外表和艺术价值。1961 年，英国金匠公司与伦敦维多利亚和阿尔伯特博物馆（Victoria and Albert Museum）联合主办了 1890—1961 年国际现代珠宝展。德帕塔是仅有的五位入选此次展览的美国人之一，她的艺术声誉在国际舞台上得到了确立，这是基于一系列反映了建构主义原则和包豪斯信条的作品得到肯定的证明。

德帕塔彻底改变了首饰创作的理念，她的全新创作理念改变了历来首饰都是复制动物、植物和人的形象，且围绕着宝石这一定势，无论是在美国还是在欧洲，这一趋势的改变很大程度上受到了她的影响。德帕塔坚信，艺术家的作品应该反映出创作的年代，即设计应该构思良好，材料的完整性不应该受到侵犯，首饰应该以个人为中心。

德帕塔主张设计精良的首饰在尺寸、质量和佩戴性方面必须让受众感到舒适。它必须传达时代的特征，正如任何领域的优秀设计都必须反映其时代的材料、技术和概念一样。

德帕塔精巧平衡的作品抓住了现代主义设计的精髓，但她的遗产远远超出了反映当时材料、技术和概念的能力。通过将首饰从对传统形式和材料的依赖中解放出来，并通过设置高标准的概念和技术掌握，她帮助建立了当代艺术首饰发展的基础，并在此基础上继续发展。虽然芝加哥"新包豪斯"没有设立金工与首饰专业，但培养出了很多卓越的首饰艺术家，除了德帕塔之外，还有莫莉·伦克（Merry Renk）、弗朗西斯·希金斯（Frances Higgins）等。他们的首饰也同样具有强烈的现代主义设计风格（图2.17、图2.18），她们成功地将莫霍利·纳吉的教诲和现代主义建筑与设计的理念、方法引入美国首饰艺术创作，为推动"工作室首饰艺术运动"在美国的全面推进做出了不可替代的贡献。

工作室手工艺运动促进了手工艺教育的转型，第二次世界大战后美国的手工艺提升到进入大学的课堂，不再局限于职业教育的作坊。在这里手工艺不是美术的侍婢，也不是设计的附庸，而是逐渐获得了与纯艺术相当的学科地位。这成为工作室手工艺蓬勃发展的重要基础与平台。

工作室手工艺运动将传统手工艺、乡土手工艺、业余手工艺、商业手工艺和工作室手工艺、艺术手工艺、职业手工艺之间做出了明确的划分，提出"艺术手工艺"（Fine Craft）概念，作坊式手工艺逐渐变成工作室手工艺、业余手工艺转向职业化、艺术性手工艺。重新思考手工艺的当代定义与当代特征。专业教育背景、高度专业技巧和一定的艺术创造性的职业手工艺家组成了专业社团。工艺的观念在现代工业中心有可能被认可，凡是有特殊和较高技能的工匠仍然被当作"工艺家"成为工艺美术家，首饰作为手工艺类别的一员完全享有以上的运动成果，且充分发掘首饰区别于其他手工艺门类的独特性。工作室手工艺运动对当代艺术首饰的发展的推动作用至关重要，它使首饰的当代创作理念越来越深入人心。

图2.17（左）手镯（莫莉·伦克，约1967）
材质为氧化纯银、珍珠。

图2.18（右）吊坠（弗朗西斯·希金斯）
材质为金、煤玉。

## 第三节
# 现代艺术思潮对当代艺术首饰的渗透

*Section 3　The Penetration of Modern Art Trends into Contemporary Art Jewelry*

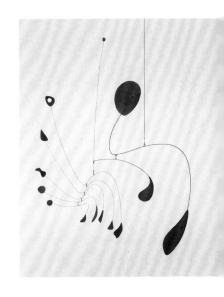

20世纪初，现代艺术运动风起云涌，各种艺术风格接连不断出现，异彩纷呈。首先在绘画领域出现了各种不同的风格——野兽主义、表现主义、方块主义、未来主义、至上主义、构成主义、达达主义、纯粹主义、精确主义、超现实主义、基本要义主义、魔幻现实主义、社会现实主义等各种流派相继出现，20世纪的艺术呈现爆炸式的变化，艺术风格变幻无穷，显示了极大的创造力。这些主流的艺术思潮对社会生活产生了重大的影响，其不可避免地对手工艺产生强烈的影响，首饰也首当其冲，相当一部分艺术流派的号召者、创造者甚至直接创作首饰作品来表达他们的艺术主张。现代艺术潮流对当代艺术首饰的渗透深入且迅速，甚至可以说当代艺术首饰是根植于现代艺术的土壤里，是在其中生长出来的。许多现代艺术代表人物都有在首饰领域实践的经历，其中比较有代表性的人物有亚历山大·考尔德（Alexander Calder）、巴勃罗·毕加索（Pablo Picasso）、萨尔瓦多·达利（Salvador Dalí）、曼·雷（Man Ray）、马克斯·恩斯特（Max Ernst）、安迪·沃霍尔（Andy Warhol）、卢西奥·方塔纳（Lucio Fontana）、尼基·德圣法尔（Niki de Saint Phalle）、罗伊·利希滕斯坦（Roy Lichtenstein）、路易丝·布尔乔尔（Louise Bourgeois）、安妮什·卡普尔（Anish Kapoor）、杰夫·昆斯（Jeff Koons）等。

世界著名的雕塑艺术家亚历山大·考尔德（1898—1976）就对艺术首饰倾注了极大的热情，在他的艺术生涯中总共创作了1 800多件首饰作品，被誉为当代艺术首饰之父。他出生于美国费城一个成功的艺术之家，父亲和祖父都是知名的雕塑家，母亲是肖像画家。1923年他搬到了纽约，参加了学生艺术联盟，就此展开了他的艺术家生涯。1926年考尔德来到巴黎，其间认识了蒙德里安和米罗，前者的几何抽象、后者的自由造型都影响过他。1931年，他开始创作抽象的动态雕塑，也被称为活动雕塑。虽然他的部分作品是由马达提供动力，但他最为人所熟知的作品，则是利用跷跷板的不平衡原理，设计精巧的雕塑结构，使作品能够随风产生摆动（图2.19）。

考尔德主张活动雕塑的重点在于它必须捕捉到风的律动，作品本身的好坏反而不那么重要。由于深受艺术与科技的吸引，他发展出独具个人风格的雕塑，他最著名的作品"活动雕塑"是美国20世纪最富创意的雕塑作品。终其一生，考尔德除了在雕塑领域的建树外，还不停地向首饰的创作挑战，尝试采用各种材料，结合现代科技，在传统与现代中寻求完美的结合。他赋予了雕塑一个全新的定义，也让首饰创作从此进入了一个完全不同的局面（图2.20）。

图 2.19（上）雕塑（亚历山大·考尔德，1967）

图 2.20（下）项链（亚历山大·考尔德，1940）材质为黄铜。

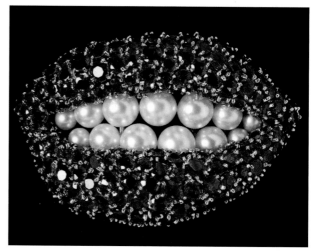

图 2.21（左） 胸针《永恒的记忆》
（萨尔瓦多·达利）
材质为黄金、钻石。

图 2.22（右） 胸针（萨尔瓦多·达
利，1949）
材质为红宝石、珍珠。

　　萨尔瓦多·达利是超现实主义风格的代表人物，他是 20 世纪和 21 世纪最伟大的艺术家之一，达利的首饰属于世界上最被认可的创意。20 世纪 30 年代与艾尔莎·夏帕雷利（Elsa Schiaparelli）合作后，他用最昂贵的材料制作自己的珠宝，比如他代表作品中融化的钟表形象和一张完全被红宝石覆盖的嘴（图 2.21、图 2.22）。他的首饰作品完全是其超现实主义风格绘画的再现，表达了一种荒诞、诡异的氛围。

　　曼雷是一个超现实主义和达达主义艺术家，同时也是摄影师、电影导演、画家和雕塑家。1970—1976 年间，他创作了 8 件珠宝，延续了他的超现实主义主题。

　　著名的波普艺术家安迪·沃霍尔的丝网名人肖像，用丝网印刷无限重复相似的图案，象征着 20 世纪 60 年代美国社会中消费者的标准化和崇拜。1987 年，安迪·沃霍尔去世前，曾与瑞士手表制造商莫瓦多合作，构思出了第一块艺术家的手表。这只限量版手表于 1988 年在巴塞尔博览会上展出，这件不锈钢表由 5 个表盘组成，使用分别代表纽约建筑物的黑白照片用于展示 5 个不同的时区，表盘上装有红色的指针（图 2.23），这是波普艺术在当代艺术首饰中应用的经典案例。

图 2.23　手镯《时代 5 号》（安迪·沃霍尔，1988）

20 世纪 60 年代，罗伊·利希滕斯坦是一位典型的波普艺术家，他从连环画中获得灵感，并在由许多涂有模板的彩色小圆圈组成的商标作品中做广告，这些小圆圈被称为本迪圆点。罗伊·利希滕斯坦创作的大型绘画（图 2.24）和雕塑作品，带有讽刺性文字的图画经常用于批评他那个时代的美国社会。1968 年，纽约的 Multiples 公司推出了一款由罗伊·利希滕斯坦设计的吊坠胸针（图 2.25），这件吊坠重复了他画作中的元素和配色，是他绘画风格的再现。这幅名为"摩登头像"的作品分两个版本发行：第一个版本采用了他波普作品中常用的主色调，而第二个版本则采用黑白单色。这些作品在 1973 年波士顿的"首饰到雕塑再到首饰"展览上亮相。伊夫·克莱因（Yves Klein）也是当代艺术首饰的实践者。1956 年，当伊夫·克莱因创造了他的国际克莱因蓝（Klein Blue）时，他的哲学思想变得清晰起来，他主张蓝色没有维度，所有的颜色都会带来具体的、物质的和有形的想法，蓝色更能唤起大海和天空的联想，这是有形和可见自然中最抽象的东西。娇小的维纳斯·布卢埃（小蓝维纳斯）胸针是克莱因创作的首饰作品，体现了他一贯的特色，即使没有签名也能立即辨认出来。铜像上覆盖着蓝色的国际克莱因蓝，漂浮在一个镶有金叶的有机玻璃盒子里。这两种颜色都是克莱因单色的：蓝色象征着空间，金色象征着神圣。

当代艺术家杰夫·昆斯的概念和波普手法在 20 世纪下半叶的艺术界引起了轰动，并使他的作品在世界各地的许多私人和公共收藏中展出，从凡尔赛宫到弗朗索瓦·皮诺的收藏。2005 年，杰夫·昆斯为斯特拉·麦卡特尼制作的 50 件铂金吊坠中重新塑造了兔子的象征性形象。

卢西奥·方塔纳是空间主义的奠基人，1945 年，在他开始探索空间概念的时候，他的艺术就形成了自己的风格——打破传统艺术形式的愿望鼓励他创造自己的表达风格，创造了"洞"和"斜线"以及一系列的空间概念（图 2.26）。随着画布的撕裂，作品成了空间、时间和无限的代表。对卢西奥·方塔纳来说，绘画不是或不再是一种支撑，而是一种幻觉。他的首饰再次回到了空间主义原则。从 20 世纪 50 年代开始，他在波莫多罗兄弟的工作室里创作了一些独特的作品，在黄金表面切割和穿孔，并再次使用他独特的艺术风格。20 世纪 60 年代，他设计了第二个系列的珠宝，这一次是与他人合作。他用不同颜色的银、漆制作了五套不同的珠宝，每版一百件（图 2.27）。在现代艺术思潮的影响下首饰创作几乎涉及现当代艺术的所有层面，首饰艺术化创作的现象越来越普遍。

当代艺术首饰创作越来越趋向于艺术化、观赏性，在美国一度被称为可以移动的建筑、可以欣赏的绘画和可以佩戴的雕塑。随着时代的发展，它走向更广泛的领域，一度出现装置艺术、公共艺术类首饰，甚至后来朝向观念艺术。概念首饰的经典代表是：个性独特的首饰

图 2.24（上） 绘画作品（罗伊·利希滕斯坦）

图 2.25（下） 吊坠《摩登头像》（罗伊·利希滕斯坦，1968）
材质为金属珐琅，78 毫米×58 毫米。

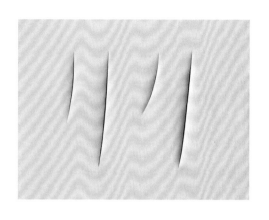

图 2.26（左上） 空间概念绘画（卢西奥·方塔纳，1960）

图 2.27（右上） 手镯（卢西奥·方塔纳，1967）
材质为银、漆。

人汤姆·萨丁顿（Tom Saddington）将自己焊接在一个 6 英尺长的不锈钢翻盖香烟盒中，装上卡车运往布里斯托尔（Bristol）的阿诺菲尼艺廊（Arnolfini Gallery），在那里用圆锯打开，让他得以逃脱（图 2.28）。萨丁顿的另外一件作品是 1978 年 10 月 28 日在布里斯托尔的阿诺菲尼美术馆表演的。他当众把自己焊在一个巨大的钢罐之中，并在其中待了两个小时，然后借助一把同样规模的开罐器将自己释放出来。萨丁顿用此作品主张进入珠宝首饰内部佩戴的观念（图 2.29）。在近来的作品中，他总是力图为"首饰和动词'佩戴'重下定义"。由此可见，现代艺术潮流对当代艺术首饰的渗透是显而易见的，大有合二为一的趋势，这种渗透让当代艺术首饰的创作理念非常超前、大胆、另类。

图 2.28（左下） 香烟表演盒（汤姆·萨丁顿，1980）
材质为钢铁，180 厘米。

图 2.29（右下） 首饰表演《铁罐和开罐器》（汤姆·萨丁顿）

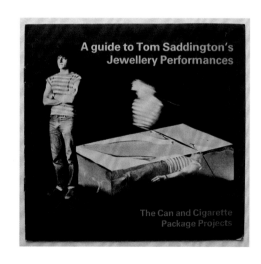

## 第四节
# 英国手工艺复兴运动助力当代艺术首饰

*Section 4　The British Crafts Revival*
*Movement Helps Contemporary Art Jewelry*

英国的手工艺复兴运动是继艺术与手工艺运动和工作室手工艺运动之后的又一次手工艺发展的高峰。20世纪60年代，西方社会由现代化、工业化向后现代、后工业化转型，反战、民权与青年运动极大地冲击了工业社会的各种体制与价值观念，正是在这种背景下催生了英国的手工艺复兴运动。这场运动声势浩大，首饰作为手工艺中的一个具体类型在这场运动中深受影响，这场运动大大地助力了现代首饰成为当代艺术首饰的蜕变。

一方面，年轻一代将手工艺人的生活方式作为一种另类的选择，这些年轻人具有强烈的反叛精神，他们将手工艺看作反抗工业文明、父辈权威、社会公认价值的一种工具。将手工艺人的生活方式作为另外一种选择，手工艺越来越受到年轻人的青睐。

另一方面，英国政府的制造业萎靡使得政府重新开始重视传统手工艺，并将其作为解决失业问题、振兴经济的补充手段。1972年，英国手工艺委员会诞生，标志着手工艺终于被纳入政府的管理渠道。同时，随着大众文化、流行文化的兴起，传统精英文化遭到猛烈的冲击，现代主义设计理念也受到了批判，手工艺与现代设计、现代艺术之间的壁垒被打破了。手工艺开始进入艺术研究领域，手工艺委员会的机关刊物《工艺》（*Craft*）创刊及爱德华·卢西·史密斯（Edward Lucie Smith）的《手工艺的故事》（*The Story of Craft*）出版是手工艺复兴运动的重要标志。进入20世纪70年代后，环境问题取代反战、民权等主题，成为大众关注的焦点。设计领域同样也不例外，美国设计师与理论家维克多·帕帕奈克（Victor Papanek）的著作《为了真实世界的设计》（*Design for the Real World: Human Ecology and Social Change*）在英国也激起了强烈反响。在这样的时代背景下，英国手工艺复兴运动开始与"绿色运动"融合，形成一股新的潮流。20世纪60年代和70年代的英国在第二次世界大战后几十年里的发展，英国青年成为一支重要的经济和社会力量。这种现实被英国的亚文化生动地表达出来，如泰迪男孩和莫德斯，他们的戏剧化、华丽和反叛的服装与中产阶级的标准相冲突，吸引了欧洲和美国的年轻人。接下来的十年，又一种青年亚文化——英国的朋克，引进了人体艺术、文身、穿撕破的烂衣服，如英国设计师薇薇安·韦斯特伍德（Vivian Westwood）20世纪70年代的"反叛"街头风格成为国际时尚公认的领导者。英国首饰创作者必须更加了解当时的时尚和商业现实，以便寻找机会展示和销售他们的作品。在这种以青年为导向的文化中，最主要的创作者是大卫·沃特金斯（David Watkins）

和温迪·拉姆肖（Wendy Ramshaw）夫妇。他们的创作始于1964年，设计黑白图案的亚克力作品，意图以当时颇受欢迎的OP艺术绘画为基础，制作时尚首饰。大卫·沃特金斯还在他的首饰中加入大型雕塑的创意，这从他用车床车削的铝和银陀螺手镯清晰、简约的造型中可见一斑（图2.30、图2.31）。

温迪·拉姆肖的标志性作品之一是安装在一个特别设计的车削亚克力支架上的戒指，它的特别之处在于，拉姆肖将戒指和用于展陈的支架作为一个整体进行设计（图2.32）。在其"韦奇伍德碧玉"系列项链作品中，她尝试将形状精致的陶瓷部件挂在一根金丝上，来展现作品的立体维度（图2.33）。拉姆肖和沃特金斯通过其强烈、独特的设计导向性的作品开辟了新的首饰方向。

英国20世纪七八十年代手工艺复兴运动的最早探索者是约翰·麦克皮斯（John Makepiece），他领导了新木工运动。1976年，麦克皮斯在多塞特郡创建了闻名世界的"木工艺家学校"（后改名为Parnham College，"帕纳姆学院"），麦克皮斯与同事、学生做了大量的手工艺实验，取得了可喜的成绩，在他的领导下，设计师们最大限度地发掘材料的可塑性和场所精神的探索，即材料、工艺、造型与风格都必须服从场所的要求，同时展开当代生态设计领域的创造性实验。

手工艺复兴运动最初仅局限于家具和木工艺领域，然而到了20世纪90年代这种状况有了很大改观。1986年苏联切尔诺贝利核电站的核泄漏事故震惊了世界，放射性物质甚至影响到英伦三岛，由此激起了英国民众对环境问题的强烈关注。在这样的社会背景下，手工艺复兴运动进入了绿色手工艺运动阶段，从民间自发的潮流发展为官方支持的运动。1996年，伯明翰的半官方机构"手工艺空间"展览公司与伦敦的英国手工艺委员会联合组织了名为"循环利用——新世纪造型"的大型巡回展览，"为了子孙后代的节俭主义"是此次展览的副标题。这是英国历史上首个以绿色手工艺为主题的大型展览，策展角度独特、主题具有深远的现实意义，手工艺们的设计创意天马行空。该展览大获成功，观众达13万人之多，创造了同类展览的新纪录。1999年，这两家机构再次合作，推出了名为"再利用——英国当代工艺与设计中的循环利用"的新展览，该展览获得了英国文化协会的支持，并到大洋洲、北美洲、欧洲大陆等巡展。这两次展览的成功举办为年轻工艺家提供了阐述其艺术思想的舞台。

20世纪70年代，在一个环境日益处在工业生产带来危险之中的世界里，波普艺术以大众消费主义自居似乎开始令人生厌了，与此同时，艺术家群体开始出现了一种对处理材料的实际技巧的渴求，即他们不再乐意使用现成物品进行创作，其结果是工艺美术家再次成为焦

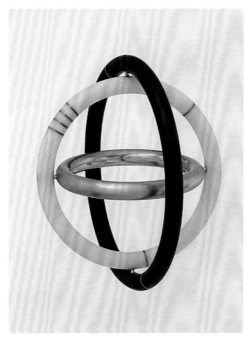

图 2.30（左上） 手镯（大卫·沃特金斯，1974）
材质为金、银、亚克力。

图 2.31（右上） 手镯（大卫·沃特金斯，1974）
材质为金、银、亚克力。

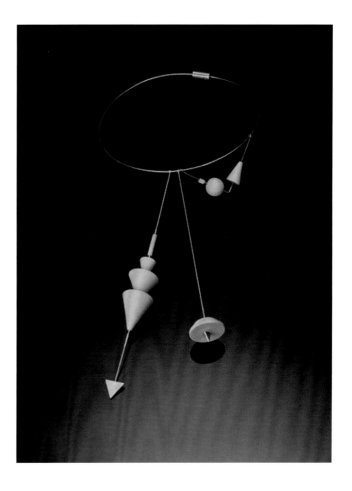

图 2.32（左下） 戒指（红色异国情调）（温迪·拉姆肖，2004）

图 2.33（右下） "韦奇伍德碧玉"系列项链（温迪·拉姆肖，1982）
材质为金、镍合金、无釉石器（碧玉），
39.5 厘米 ×17.2 厘米 × 2.5 厘米。

点，取代了波普艺术画家和雕塑家，成为风靡一时的文化英雄。手工艺成为焦点的另一个原因，就是女权运动的发展。与美术不同的是手工艺中从未有性别歧视。以上种种都促进了第二次艺术与手工艺运动的兴起。

"（20 世纪）80 年代手工艺复兴运动比较强调的是对自然材料的合理利用、合理开发、并进而试图构建生态的宏观系统；而 90 年代以来，更多突出的是兴废利旧、循环再生，侧重于日常生活问题的解决与改善。"[1]

当代艺术首饰此阶段创作理念朝向回收、绿色的方向发展，在当代绿色设计中找到了相对的位置。首先，绿色设计是一个宏大的主题，而手工艺则是其中的一个补充手段；同时，由于其单件制作、设计与制造一体化等优势，手工艺在探索、实验某些新创意、新工艺方面，较其他设计形式更为灵活、易行。其次，这些转变的意义还在于手工艺家们对环境问题有更深刻的认识，即人们应该摒弃商业社会中的极端消费主义"用完即弃"的生活态度。因此，手工艺家们越来越身体力行地将自己的使命付诸行动，致力于推广良好的生活方式。"他们更多将自己称为'设计师—造物人'，而不是传统意义上的手工艺人。他们实际上填补了工业设计与手工艺的边缘地带，带有强烈的实验性与前卫色彩，然而这恰恰揭示出当代手工艺发展的一大趋势，这就是设计、手工艺、纯艺术之间的传统樊篱正在逐渐消失。"[2]

当代艺术首饰与手工艺的关系密切，首先，传统的首饰常常会被归类为手工艺，但是首饰发展到当代阶段，它早已不再是手工艺概念所能完全涵盖的了。以上英国手工艺复兴运动所形成的前卫创作理念助力了当代艺术首饰的兴起，让民众不再认同首饰只是单纯的"手工艺"，而让"设计师—造物人"这一观念得以深入人心。

---

1 袁熙旸:《非典型设计史》，北京大学出版社，2015。

2 同上。

## 第五节

# 后现代艺术与当代艺术首饰创作理念的融合

*Section 5　The Integration of Postmodern Art and Contemporary Art Jewelry Creation Concepts*

后现代主义是一个众所周知的有争议的术语，但它一般用来指 20 世纪最后四分之一时间的艺术中的某些新表现形式。后现代主义原来是用于 20 世纪 70 年代中期的建筑，描述那些放弃干净、理性、极简主义形式，赞成模糊、结构矛盾的建筑，以玩世不恭的态度参考历史风格，借助其他文化形式，使用惊世骇俗的色彩让建筑更有活力。到 20 世纪 80 年代，后现代主义这个术语也被用来描述设计和视觉艺术中的多元发展，以及一些吸收了流行文化作品的形象。

关于后现代主义的性质甚至它的存在，其争论一直无休无止，而且激烈异常，在许多方面，后现代主义既是对现代主义的排斥又是它的继续。不过，后现代主义包含的思想组成部分和"形式主义"不同，后现代主义继续了马塞尔·杜尚（Marcel Duchamp）开始的实验，并通过达达、超现实主义、新达达、波普艺术和概念艺术加以发展。1966 年的两本书传达了一些后现代主义的重要思想，意大利建筑师阿尔多·罗西（Aldo Rossi）在《城市的建筑》中写道："在历史悠久的欧洲城市的文脉中，新的建筑物应当适应旧的形式而不是创造新的形式。"另一本是美国建筑师罗伯特·文丘里（Robert Venturi）的《建筑的复杂性和矛盾性》（1966 年），他提倡"混乱中的活力"，并戏谑著名现代主义"少就是多"的说法，反过来说它是"少就是烦"。设计师和建筑师一样，接受了后现代主义的技能。从 20 世纪 60 年代起，对于包豪斯提倡的秩序和一致性的不满导致了一些创新，设计师们对色彩和肌理进行试验，并以一种称作"特定目的主义"（adhocism）的手法向过去借用装饰母题。现代主义的目的是创造一个统一的道德和美学的乌托邦，而后现代主义则是展示 20 世纪后期的多元化。

大多数后现代主义作品中主要的焦点在表现问题上："艺术家们从过去作品中'引用'（或盗用）母题或形象，进入新的和令人不安的周围环境的文脉，或剥夺它们的常规意义（"解构"，deconstructed）。"[1]

在视觉艺术中，后现代主义旨在表现 20 世纪末的生活经验，并直接涉及社会和政治问题。后现代主义艺术家们起初的想法是，艺术从前是服务于占主导的社会类型，即白人中产阶级男性，现在要突出其他处于社会边缘身份的人，尤其是环境的、种族的、性别的和女权主义身份的人，这些已经以各种方式成为后现代主义的关键主题。意大利设计师埃托雷·索特萨斯（Ettore Sottsass）于 1981 年在米兰成立孟菲斯，其设计的《卡尔顿书架》是典型的反常设计，集中体现了后现代的特点。当代艺术领域庸俗的艺术可以转变为高雅艺术的代表

---

1　埃米·登普西：《风格、学派和运动》，巴竹师译，中国建筑工业出版社，2017，第 269 页。

是杰夫・昆斯创作的《兔子》( 图 2.35 )，这一个廉价且可充气的复活节兔子，是表面高抛光、高反光的不锈钢雕塑，艺术家将消费社会廉价、艳俗的物品转化成了艺术品。

后现代思潮直接影响了当代艺术首饰的发展，使首饰的创作理念更加大胆、开放和多元。后现代艺术是从后现代主义派生出来的一种区分现代艺术和当代艺术的新艺术，其要旨在于扬弃现代性的基本前提及其规范。后现代艺术在艺术创作中表现为突破一切禁忌和局限，追求自由的精神。后现代艺术批判现代艺术，不满于对现代艺术形式、体系、观念的束缚。后现代艺术具有颠覆传统的精神，甚至否定传统艺术，寻求不受限制的新艺术和巨大的自由，是先解构再建构的过程。后现代艺术不是风格的概念，而是哲学理念发生了根本性的变化，因此它是对现代艺术的超越。

后现代艺术对欧美当代艺术首饰的影响具体体现在：观念的颠覆、挪用和拼贴、消弭阶级审美差异。

首先是观念。传统首饰的自律观念被颠覆，首饰不再是贵重材料的堆叠，不再用图案装饰构成艺术，它用戏谑诙谐手法挑战世俗。首饰的理论阐释也加入艺术的构成之中，用艺术接近哲学，成为其思想观念。

其次是挪用和拼贴。首饰创作不再古今之分、内外之别，一切曾经出现过的艺术形式都可以成为后现代首饰家挪用和拼贴的对象，现成物被大量运用，不再强调独创性。

最后是消弭阶级审美差异。后现代首饰家不再追求永恒的价值，同时反对高雅与通俗、精英与大众之间的区别。他们大量运用消费社会的商品，具有时尚、流行等特征。

用后现代理念创作的首饰家主要有美国的罗伯特・埃本多夫（Robert Ebendorf）、J. 弗雷德·沃尔（J. Fred Woell），欧洲的赫斯·贝克（Gijs Bakker）、丽莎·沃克（Lisa Walker）、汉斯·斯托法尔（Hans Stofar）等人。

罗伯特·埃本多夫的现成物首饰推广和制作已有约40年的历史。他是北美金匠协会（Society of North American，SNAG）的创始成员和第二任主席，该协会是一个首饰创作者和金匠组织。埃本多夫目前居住在北卡罗来纳州，他一直教授并创作首饰，经常使用各种现成物材料进行创作，包括纸张、文字和拼贴画。罗伯特·埃本多夫的作品在视觉上保留了人们对物品最初的观感，他以各种形式展现了一种放纵的、像孩童一样的快乐。这种多愁善感的快乐与我们成年后被允许的有限的快乐来源形成对比（图2.36、图2.37）。埃本多夫承认，他的作品是出于对物质世界的积极好奇和热爱。这种不安分的探索反过来又被埃本多夫的精力以及其不断创造和改造事物的欲望所推动。

图2.36（左）胸针（罗伯特·埃本多夫）
材质为现成物、宝石。

图2.37（右）胸针（罗伯特·埃本多夫）
材质为现成物、宝石。

图 2.38（左）饰物（汉斯·斯托法尔，2013）
材质为现成物、综合材料，300 毫米×250 毫米×450 毫米。

图 2.39（右）饰物（汉斯·斯托法尔，2013）
材质为现成物、综合材料，300 毫米×200 毫米×450 毫米。

　　瑞士首饰家汉斯·斯托法尔是英国皇家艺术学院的教授，他的作品是后现代艺术理念创作的典型。汉斯·斯托法尔用神奇的魔术重塑世界，展露自己的诗意美，用蒙太奇手法制作具有共鸣感觉的对象和天马行空的幻想。他的作品混合了异国情调，用概念组成的材料和后工业的智慧。他完全挑战当代世界，用日常商品世界里有用或无用的东西装备和装饰我们的身体（图 2.38、图 2.39）。汉斯·斯托法尔的作品机智、迷人，他的设计引导我们重新想象事物，重新审视这个世界。汉斯·斯托法尔作品的创作动机是体现达达主义，表达反艺术和对艺术的不敬，这种非理性的精神体现在其所有的艺术首饰中。巧合的是达达主义原来诞生于苏黎世，而此种精神也一直是汉斯·斯托法尔的核心观点和思想。

　　赫斯·贝克是当代艺术首饰的伟大先驱之一，他的作品方向众多、风格大胆，具有很强的后现代气质，在概念创作领域里探索身体与装饰之间的关系。他用后现代的方式创作了一系列的作品，他用戏谑、幽默的手法重构日常的元素，如图 2.40 和图 2.41 的运动员系列。

　　新西兰首饰艺术家丽莎·沃克曾在德国接受首饰教育，师从奥托·昆泽利（Otto Kunzli），专注于当代艺术首饰创作，并参与博物馆、画廊和其他场馆的项目。她的作品研究公认的关于美或立体物品的概念与其他一般事物之间的差异，并寻找一种独特的美，研究和质疑首饰后现代主义的意味和可能性。沃克受到各行各业文化和生活的影响，使用多样的材料和技术创作叛逆的后现代风格作品。这些作品参考过去 40 年的当代首饰，在一定程度上展现了首饰的历史、未来和边界（图 2.42、图 2.43）。

　　泰德·诺顿（Ted Noten）是荷兰首饰设计师和概念艺术家，他的首饰特点是幽默，在概念上体现后现代的特质。泰德·诺顿 1956 年出生于荷兰小镇泰赫伦，毕业于荷兰的马斯特里赫特应用艺术学院，并于 1990 年获得了荷兰格瑞特·里特维尔德学院的硕士学位。

图 2.40（左上） 胸针（赫斯·贝克，1988）
材质为黄金 585、养殖珍珠、报纸、PVC，133 毫米 ×72 毫米 ×12 毫米。

图 2.41（右上） 胸针（赫斯·贝克，1985）
材质为铑镀铂金 585、银 925、钻石、黑白照片、聚氯乙烯，115 毫米 ×88 毫米 ×10 毫米。

图 2.42（左下） 项链（丽莎·沃克，2009）
材质为油漆、线，直径 350 毫米。

图 2.43（右下） 胸针（丽莎·沃克，2006）
材质为工坊地面垃圾。

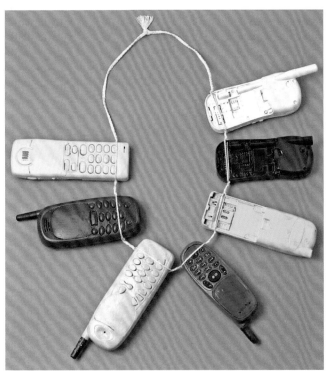

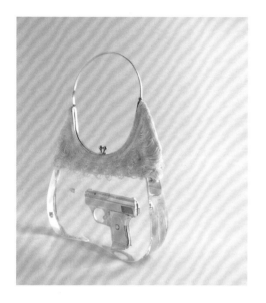

图 2.44（左）包《K 女士》（泰德·诺顿，2004）
材质为刻字镀金枪、子弹、纺织品、铬钢，30 厘米 ×22 厘米 ×8 厘米。

图 2.45（右）吊坠《涡轮公主》（泰德·诺顿，1995）
材质为珍珠、动物标本。

2005—2008 年，作为国际资深研究员，泰德·诺顿在英国的伯明翰城市大学珠宝学院工作。自 2007 年以来，他在荷兰的爱恩德霍芬设计学院大师班任教。泰德·诺顿擅长用透明亚克力和物品相结合来创作异常大胆的首饰，以包含手枪的作品《K 女士》和一只戴珍珠项链的老鼠的亚克力作品《涡轮公主》而闻名（图 2.44、图 2.45）。他的作品被世界各地的画廊和博物馆广泛收藏。

诺顿自称其作品创作灵感深受杜尚、弗兰西斯培根、达米安·赫斯特和玛丽莲·梦露等人的影响，他的首饰创作理念是典型的后现代主义表现手法。

西格德·勃朗格（Sigurd Bronger）是专攻于小型微妙机械领域的首饰家，他的首饰灵感来源于仪器和机械，极强的识别特征为他赢得了工业浪漫主义之名。西格德·勃朗格的作品体现了 20 世纪初机械工业主义，体现幽默、对材料的热爱之情，并做精细抛光。勃朗格的首饰跨越性别，体现齿轮、精密机械和精彩的手工制作，他所有精心的设计和做工，都是一段很长且严谨的过程。西格德·勃朗格的设计将机械工业元件运用到首饰领域，改变了人们对首饰可能的看法（图 2.46 ~ 图 2.48）。

西格德·勃朗格做了一个称为"便携设备"的作品，是一个包含戒指、胸针和吊坠的系列，此系列的主题在创造这些具体材料或物体被固定在支架上的首饰之间展开。无论是他个人构建的这些架构，还是选用的一些令人惊讶的现成物，如鸡蛋、石头、贝壳等，都表达了他独特的创意。他还利用医学材料在坚固的钢制支架和易碎物品之间制造强大的反差，营

图 2.46（左） 吊坠《鹅蛋携带装置》（西格德·勃朗格，2014）
材质为镀铬黄铜、橡胶、钢、镀金黄铜、鹅蛋，115 毫米 ×60 毫米 ×25 毫米。

图 2.47（中） 戒指（西格德·勃朗格，1997）
材质为钢、银、鹅蛋，130 毫米 ×50 毫米。

图 2.48（右） 吊坠（白黄玉搬运装置）（西格德·勃朗格，2014）
材质为钢、白黄玉、皮绳，60 毫米 ×70 毫米。

造出荒谬有趣的视觉。西格德·勃朗格的作品定位于可穿戴首饰和艺术品的"两者之间"，具有极强的后现代主义美感。

如火如荼的后现代艺术运动不可能不对首饰产生影响，有影响就一定有体现，本章所述的这些代表人物的作品就是后现代艺术某一层面在首饰中的具体表现，这种表现是首饰与后现代艺术融合的有力证据。当代艺术首饰创作理念与后现代艺术相互融合是一种必然，这种融合本质上是首饰发展的时代性反映。后现代主义丰富的主张，如表现通俗文化、娱乐性、浮夸、戏谑、历史折中主义、混合、拼接、解构、反叛正统和反精英等。参考并融合了这些主张的创作理念极大地促进了首饰面貌的多样化，丰富了首饰的表现方式，开启了当代艺术首饰更加大胆、开放、多元的审美理念。

第三章
# 欧美当代艺术首饰创作理念
Chapter 3　Contemporary Art Jewelry Creation Concepts in Europe and America

　　欧美当代艺术首饰的发展本质上是首饰创作理念的变革和创作思想的根本性转变。欧美当代艺术首饰呈现出今天如此丰富多元的世界究竟缘何而起？这种艺术类型的首饰又经过怎样的演变？它的创作理念又有哪些类别？若要全面了解欧美当代艺术首饰，对其创作理念的梳理就显得尤其重要。本章就大量的欧美当代艺术首饰实际案例总结出十种主要的创作理念，这些理念在首饰创作中具有一定的代表性。对这些理念进行研究可以让我们对纷繁的欧美当代艺术首饰有一个宏观且细致的认识。

第一节
## 纯艺术形式的表达
*Section 1　Expression in Fine Art Form*

　　有人曾说，当代艺术首饰是根植于当代艺术土壤中的，确实，当代艺术首饰与艺术之间有着不可分割的关系，当代艺术首饰创作中最重要的理念即是让首饰跳脱出手工艺的局限，成为一种纯艺术的形式，无数的当代艺术首饰创作者都在为这个目标奋斗。

　　20世纪艺术的大发展对当代艺术首饰创作理念的演变产生了巨大的影响。美术领域所倡导的各种思想启发首饰创作者们极力摆脱行业的传统限制。从传统的观念来看，首饰是一种与财富炫耀联系在一起的自我装饰的手工艺。首饰属于手工艺，而手工艺与艺术有着很深的渊源。文艺复兴以前没有手工艺与艺术之分，随着人文意识的觉醒，文艺复兴之后手工艺才正式从纯艺术中分离，因为手工艺被认为没有智识的创造性，而被认为低于纯艺术，黑格尔在美学理论中也有"次要艺术"的说法。原始美术时期尚处于艺术的蒙昧阶段，无论是洞穴壁画还是在器皿上所作的描绘，都是集社会性、巫术性、宗教性于一体的综合性艺术，审美与实用之间并无隔阂，也就无所谓纯艺术与手工艺的区别。譬如，古典艺术时期，无论是埃及还是希腊，其壁画、雕塑都与建筑非常统一，达到了技术与审美的高度结合。首饰这一具有手工艺性质的门类自出现以来也自行带有艺术的属性。

到了中世纪时期，宗教力量强大，使一切艺术活动都倾向于精神性的活动，直接为宗教服务，建筑、绘画、雕塑、手工艺都显示出强烈的宗教特色。也正是从这个阶段开始，首饰走上了与艺术分离的道路。首饰在这一阶段的创作更多作为纯粹的装饰，凸显材料的贵重，体现身份和超级特权，为贵族阶级服务。

阿斯卡尼欧·康迪夫（Ascanio Condivi）在自己有关当时最伟大艺术家生活的 *The Life of Michelangelo* 中精辟地表达了这个观点：米开朗基罗年轻时就是一个伟大的工匠，既具有天赋，后天也非常努力。他专注于从自然本身，而不是从劳动和其他的行业中获得这些知识。自然在他面前是真正的典范。手工艺家们不可避免地被引向那些植根于先锋派艺术的概念。

文艺复兴时期很多艺术家本身就是金匠，传统的首饰通常都是由金匠生产的，《世界工艺史》一书中的以下描述可以印证这一现象："如果你读过瓦萨里（Giorgio Vasari）的《传记》，你会惊奇地了解到有多少文艺复兴时期的著名艺术家起码是在金匠作坊中开始他们生涯的。这些人包括吉贝尔蒂（Lorenzo Ghiberti）、波提切利（Sandro Botticelli）和韦罗基奥（Andrea del Verrocchio）。"[1]

由此可见，首饰和艺术的结合可以说是渊源已久，造成手工艺（首饰）与艺术分离的是从文艺复兴开始倾向于区分智力和纯体力之间的差异——即脑力劳动和体力劳动之间的区别。当时的人们认为，脑力劳动最优越，它是其他活动的支配者，正是这种思想造成了首饰与艺术的不同等级，而当代艺术首饰的创作者标榜首饰是一种艺术媒介，即用首饰来创作艺术作品。工业化社会以前的手工产品在某种意义上是独一无二的——无论手工艺人如何经常从事某一特定的工作，他们生产的每一件产品都和其他产品有所不同。这种"独一无二"的特性意识存在于人们的观念之中，他们购买产品是为了使用，他们并不希望产品用过就丢弃[2]。

当代艺术首饰的这种独一性与艺术作品的唯一性特征完全相同。20世纪50年代初至60年代中，欧洲就已经有一些艺术家开始尝试以首饰作为艺术表达的媒介。但此时的首饰形式本质上和新艺术运动时期的作品一样，是依附于某种艺术风格的表达形式，还没有成为一种新的艺术形式。虽然工业化社会已是大势所趋，但当代艺术首饰的创作理念和艺术创作理念完全一致，即创作独一无二的艺术品。当代首饰家不断加强首饰与艺术领域之间的联系，知名艺术家积极参与首饰创作，他们的声望也为首饰作为一种艺术形式的理念提供了可信度，并有助于扩大人们对艺术首饰的认识。当代艺术首饰用纯艺术创作理念的表达方式主要有以下几种：可以移动的绘画、微型雕塑和可以佩戴的建筑。

1　爱德华·卢西·史密斯：《世界工艺史》，朱淳译，浙江美术学院出版社，1992，第139页。

2　同上书，第202页。

图 3.1（上） 绘画作品（毕加索）

图 3.2（下） 胸针（毕加索，1972）
材质为金，44 毫米 ×54 毫米。

### 一、可以移动的绘画

绘画是艺术门类中历史最为久远，也是最为人们熟知的艺术类型。首饰创作可以像绘画一样吗？可以将绘画的特质转移进首饰中吗？绘画和首饰的结合会有怎样的可能？在首饰的发展历程中，将首饰和绘画结合的理念由来已久，传统首饰表面的图案从广义的角度解读其实就是一种绘画。到了近代，随着首饰的发展，有众多的实践者从事绘画方向的尝试，他们主张首饰是一件可以随身佩戴的画作，是专门为人体设计的，佩戴在人身上，身体可以作为一件物品陈列展示的场所或便携式画廊，即首饰是可以移动的绘画。

这一创作理念强化了首饰作为一种绘画媒介的思维，许多首饰创作者用此理念进行积极探索，在这些众多的尝试者中，最为突出的就是现代艺术家的亲身参与。艺术家创作的首饰是可以识别的，因为这些首饰其实就是一种转换成艺术家个人风格的可穿戴物品。从事过首饰创作的艺术家很多，其中最有代表性的是毕加索、达利等。

巴勃罗·毕加索是 20 世纪最伟大的艺术天才，现代艺术的创始人，西方现代派绘画的主要代表。他是西方当代影响力最深远且最具创造性的艺术家。他的作品风格丰富多样、艺术形式多变，其最重要的影响是促成了立体主义运动的诞生。毕加索的立体主义表现方式是西方现代艺术史上的一次革命性突破，他的首饰作品是其立体主义艺术主张的直接呈现（图 3.1、图 3.2）。毕加索的绘画作品和首饰作品都不直接描绘实体，而是将人物简化成几何图形的平面，侧重于抽象审美构图，借自己的理解和观察重建物体本身。作品否定了从一个视点观察事物和表现事物的传统方法，不依靠视觉经验和感性认识，而主要依靠理性、观念和思维。毕加索的首饰充分体现了立体主义主要追求几何形体的美，追求形式排列组合所产生的美感。

早在 20 世纪 50 年代，毕加索就曾为他的伴侣制作过几条项链。他的首饰创作始于 1956 年。起先他想要制作瓷盘，但因为陶瓷太过脆弱，所以改用银来制作。他对文艺复兴时期的金工非常敬佩，想要复兴旧传统，于是决定用金属制作浅盘，后来便找到金匠帮他制作。毕加索用酒神、演奏乐者的形象制成黄金的圆形浮雕，这些首饰作品反映了其绘画的风格。在这些首饰中，人们可以发现艺术家绘画作品中常见的主题为斗牛、动物、脸、鱼等。毕加索将这批首饰视若珍宝，拒绝大量复制，直到 1967 年才出现了以销售为目的的限量产品。毕加索的首饰其实就是其绘画风格的金属材质再现，尽管这些首饰有浮雕的属性，但从整体视觉上看，它还是二维平面的绘画形式，因为其适合佩戴的尺寸、便携性而成了可以移动的绘画作品。

绘画大师达利具有非凡想象力，因其超现实主义作品而闻名。达利的作品把梦境般怪异的形象和受文艺复兴大师影响的绘画技巧奇妙地混合在一起。他也是当代艺术首饰的积极参与者，他的首饰作品同样具有超现实主义风格的独特魅力。图 3.3 中的首饰作品上，眼睛瞳孔和钟表的混合会让人立即想起他的油画代表作品《记忆的永恒》，这样艺术化创作的首饰完全是其艺术主张的延伸，它们让人想起了他绘画中的著名主题：柔软的融化状钟表的经典形象。现在，这个主题再次出现在首饰上。

主流画家的行为对首饰与绘画的结合起到了积极的示范作用，同时也给了欧美的首饰创作者信心，他们认为首饰可以通过此种方式获得认可，让首饰成为艺术变成现实。在这种形势下，欧美首饰创作者纷纷运用此种理念来进行创作。德国首饰大师赫尔曼·荣格（Hermann Jünger）的作品就很好地体现了首饰与绘画之间的联系，显示出首饰与绘画之间联系的视觉证明（图 3.4、图 3.5）。他用绘画和抽象元素的组合创造了新的首饰审美，即使他一直使用传统的材料（黄金）。

英国首饰家辛西娅·库森（Cynthia Cousens）也很好地运用了绘画元素来创作首饰作品。辛西娅·库森出生在萨福克郡，曾在拉夫堡大学艺术与设计学院学习首饰，并在皇家艺术学院获得了艺术硕士学位。她的作品被维多利亚和阿尔伯特博物馆、苏格兰民族博物馆、伯明翰市博物馆、英国文化协会、手工艺理事会和金匠厅以及其他众多公共场馆所收藏。

图 3.3　钟表胸针（达利，1949）
材质为铂金、钻石、红宝石、蓝珐琅，宽 6.4 厘米。

图 3.4（左）　胸针（赫尔曼·荣格，1969）
材质为金、祖母绿、沙菲尔、蛋白石、玉髓，31 毫米 ×35 毫米 ×9 毫米。

图 3.5（右）　胸针（赫尔曼·荣格）
材质为金、玉髓。

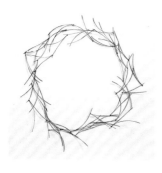

图 3.6（上） 项链（冬季系列）（辛西娅·库森，1996）材质为氧化银。

图 3.7（下） 项链（辛西娅·库森，1996）材质为氧化银。

辛西娅的首饰作品"冬季"系列是她在 1996 年根据自己的铅笔素描而设计出的项链。辛西娅·库森将长银丝锤锻成不同的粗细来制作项链，多年前她就开始在首饰中运用具有绘画感的线条来进行实验。她集中一段时间研究在纸上用木炭和黑色铅笔绘制冬景，创造出不同特征的节奏，用带有素描属性的氧化银线来诠释自己的设计。辛西娅·库森发展作品的绘画性、透明性与可视化，探索首饰中的自然和视觉关联，以及不同文化环境中的触觉潜能。她通过与环境的相互作用来思考情感反应和作为特殊景观的参照。这些金属丝被加工成一系列随意的套环，这些坏链将人体充当画布，随其流动飘荡，仿佛窗棂前飘动的树枝（图 3.6、图 3.7）。

意大利首饰艺术家贾帕洛·巴贝托（Giampaolo Babetto）则从经典绘画作品中获取灵感来演绎首饰作品，贾帕洛·巴贝托是彼得罗·塞尔瓦蒂科艺术学院的教师，也是帕杜瓦学校毕业的最重要的艺术家之一，还是马里奥·潘顿（Mario Pinton）的学生。20 世纪 60 年代，巴贝托用先锋艺术原则整合传统首饰制作，他创作的首饰杰出非凡。他尊重传统材料，如黄金，同时也应用环氧树脂这一类的非传统材料。20 世纪 80 年代，作为一名极简主义首饰制作者，他尝试从国际风格转向后现代主义，巴贝托放弃了严格的几何形作品，尝试制作一系列灵感来自文艺复兴和巴洛克时期绘画的胸针作品，并开始以戏剧性的方式使用色彩。巴贝托的首饰不仅改变了时代，也改变了那个时代的艺术趋势。巴贝托的创作总是从绘画开始，一开始不过多地考虑"首饰"，而是先提出一个觉得有趣的主题，然后开始创作，除了在纸面进行画画外，还可以撕破页面，从中观察到一些个人化的东西，再将其进行深入创作。巴贝托认为，绘画是非常自发的，可以帮助自己寻找作品中自由部分的线索。他多年来被雅各布·庞托尔莫（Jacopo Pontormo）的画作深深吸引，从中汲取灵感进行首饰创作，并试图用不同的合金色调来接近原作中的颜色（图 3.8、图 3.9）。在雅各布的绘画中，观者能感觉到痛苦的力量，可以感受到作者内心的灵魂，就好像艺术家的精神在作品中一样，这就是巴贝托试图想要做的首饰。

绘画的各种不同风格都是当代首饰家们涉猎的方向，如美国首饰家莫娜和亚历克斯·萨巴多斯（Mona & Alex Szabados）的珐琅首饰就是珐琅与绘画艺术的完美结合，梦幻且唯美。他们的作品是以女性人物的脸部和动物作为内容的微缩画，这些作品的特点是采用了颜色丰富的珐琅结合宝石创作，体现了艺术家的幻想（图 3.10、图 3.11）。在莫娜（艺术家）和亚历克斯·萨巴多斯（首饰制作者）合作创作中，莫娜负责绘画，亚历克斯负责首饰制作。当莫娜结束珐琅画后，亚历克斯即开始用他的首饰工艺将制作好的釉面进行包镶，添加独特的宝石和金珠粒，再用金叶勾勒线条，逐渐形成每一个元素，使创作概念串联在作

图 3.8（左上） 壁画《安葬》（雅各布·庞托尔莫，1528），佛罗伦萨

图 3.9（右上） 胸针（贾帕洛·巴贝托，1990）

图 3.10（左下） 吊坠《戴猫头鹰金垂饰的女孩》（莫娜和亚历克斯·萨巴多斯）
材质为金、手绘珐琅。

图 3.11（右下） 吊坠（莫娜和亚历克斯·萨巴多斯）
材质为金、手绘珐琅。

图 3.12（上）　胸针（托马斯·根蒂尔，2010）
材质为蛋壳、印度墨水、金属，101毫米×75毫米×13毫米。

图 3.13（下）　胸针（杰米·贝内特，2011）
材质为珐琅、金，2.75英尺×3.1英尺。

品的每一个阶段。莫娜和亚历克斯·萨巴多斯在一起合作超过了 20 年，获奖无数，他们的作品获得了多种图书和杂志的报道。

　　首饰家托马斯·根蒂尔（Thomas Gentille）对绘画概念进行了坚定的探索。他把画家的眼光与材料、技术、色彩和光线结合起来，用建筑师对比例和形式的认识进行解构，以揭示绘画的独特属性。他创造了纹理复杂的表面组成和视觉之间复杂的平衡，演绎纯粹的几何风格（图 3.12）。托马斯·根蒂尔以漆艺为基础，使用漆与蛋壳结合创作首饰。他主要关注的是与传统首饰几乎没有关联的另类材料，将漆艺的制作方法引入首饰创作，复杂的蛋壳镶嵌胸针（图 3.13）已成为他的标签。托马斯·根蒂尔的作品造型简洁，以几何体块为主，呈现出冷静、细腻、唯美的抽象绘画特质。

　　传统工艺也可以成为绘画类首饰的载体，杰米·贝内特（Jamie Bennett）专攻不透明珐琅作品，专注于颜色和图案的表面关系。在 20 世纪 80 年代末的作品系列中，贝内特通过创新的珐琅工艺制作无框涂层，并用一个电铸铜底座取代了传统的金属支架，在这个底座上，他用微小的笔触将自己精致的设计应用到后来的系列中。与大多数当代艺术首饰创作者不同的是，他跳脱西方和非西方历史主题的影响，颂扬首饰的装饰性。贝内特接受他的作品作为具有首饰功能的绘画类装饰品并一直在寻求色彩与形式的统一。亚光珐琅已经成为贝内特的首选媒介，在实验中，他以前所未有的方式，通过珐琅质的物理特性，以它具有纯色和形式的潜力，使其成为贝内特作品内容中固有的颜色。贝内特完成的作品通常看起来像羽毛或身上的标记，这些小而完整的物体是为佩戴者设计的。作品与绘画以同样的方式融为一体，颜色和形式在作品中融合。

　　上述首饰家都是以绘画作为创作理念的，此类首饰的精神内核仍旧是绘画，但是它们把二维的绘画变成了二点五维或三维的绘画。当代艺术首饰的创作在各种不同的绘画风格中尝试，绘画的种类繁多、风格多样，既有具象绘画也有抽象绘画，当代艺术首饰领域几乎能找到每种绘画风格的对应物。此类首饰家特别强调首饰的绘画理念，他们把首饰作为绘画的载体，最终让首饰成为可以移动的绘画。

## 二、微型雕塑

　　当代艺术首饰的发展和艺术的关系至为密切，作为艺术门类中的主要类型，雕塑对首饰的影响毋庸置疑，用创作雕塑的方式作为当代艺术首饰的创作理念是当代艺术首饰发展的另一个方向。雕塑，尤其是现代雕塑的发展给了当代艺术首饰极大的启发，雕塑艺术突出空间、强调三维，注重体量的独特美感。当代首饰创作者运用雕塑的这种创作理念将首饰当作微型雕塑。相对于雕塑，首饰大多尺寸偏小。因为首饰要具有在身体上佩戴的功能性，所以这种类型的首饰突出雕塑美感，彰显雕塑本质。

在当代艺术首饰微型雕塑化的过程中，美国雕塑艺术家亚历山大·考尔德是一个关键性的人物。他被誉为"当代首饰之父"，以独创的动态雕塑而闻名，一生中曾创作过 1 800 多件首饰。他用重复的螺旋形象征永恒，使用紫铜、黄铜、镀金青铜，偶尔用银作为材料。他的作品传播极广，受到主流艺术机构的认可，曾于 1940 年和 1941 年两次在美国纽约威拉德画廊展出。从 1926 年起考尔德就开始用容易塑形的铜丝进行创作，由于受到蒙德里安的影响，他放弃了具象的呈现方式。1931 年，他开始用抽象风格进入"动态"创作方向。考尔德的大部分作品都是受情感驱使的，他创作时一般不考虑构图，而是用锤子徒手锻打铜丝来塑造外形，所以他的作品都是独一无二的（图 3.14）。20 世纪 20 年代，他在巴黎生活时受到非洲文化、异国情调和前卫艺术的启发，使得这一时期创作的首饰反映了其许多不同兴趣。考尔德是第一位将首饰作为现代雕塑进行创作的成功艺术家。他直接运用自己的雕塑风格来创作首饰，还设计了由佩戴者的身体启动的活动作品，从而开启了雕塑家的首饰模式。雕塑家往往是最成功的首饰家，他们用创作雕塑的理念来创作首饰。他们的首饰就是他们标志性艺术语言的再现，这种首饰具有极强的可识别性，因为它们是具有艺术家个人风格的可穿戴雕塑。

出生于 1935 年奥地利的彼得·斯库比克（Peter Skubic）是运用雕塑理念创作的著名首饰艺术家。多年来，他一直在探索发现将首饰作为艺术媒介的方法。他认为首饰不一定要佩戴，在创作中他主要采用钢材，而极少采用金等贵重材料。他创作的首饰作品由具有磁力和张力状态的弹性材料构成，形成奇异的体块，呈现出完美的比例，这些作品具有强烈的雕塑感，棱角分明（图 3.15、图 3.16）。彼得·斯库比克认为艺术和首饰没有区别，因为对首饰和雕塑而言，它们通常都面对同一问题，即形式、比例、主题和概念。他的目的是想自由地使用各种材料来创作具有艺术性的首饰，这些首饰不一定具备传统意义上的美感和装饰性。

美国首饰艺术家詹妮弗·特拉斯克（Jennifer Trask）也是首饰界当之无愧的雕塑大师。她用雕塑理念将动物骨骼打造成精美的首饰，包括可佩戴的吊坠、项链、胸针等。詹妮弗·特拉斯克 1993 年毕业于美国马萨诸塞州艺术学院金工专业，获得艺术学学士学位，1997 年又于纽约州立新帕尔茨大学获得艺术学硕士学位。特拉斯克专注于创作大型雕塑作

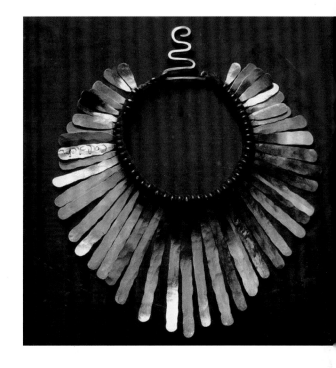

图 3.14 项链（亚历山大·考尔德，1943）
材质为银丝、绳索、丝带。

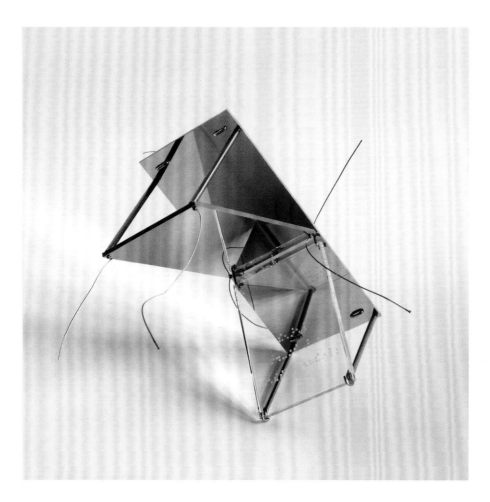

图 3.15　胸针（彼得·斯库比克，
2000）
材质为钢、镜面、亚克力。

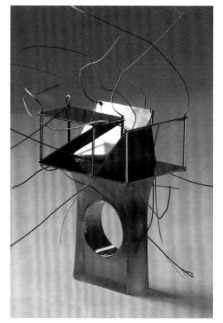

图 3.16　胸针（彼得·斯库比克，
2000）
材质为钢、镜面、亚克力。

图 3.17（左） 项饰（詹妮弗·特拉斯克，2012）
材质为 17 和 18 世纪的现成物框架零件、鹿角、金叶。

图 3.18（右） 项饰（詹妮弗·特拉斯克，2012）
材质为木材、石膏、23.75K 金叶、鹿角、野猪牙。

品和独一无二的首饰，其作品被许多公共机构收藏，包括美国华盛顿史密森艺术博物馆、伦威克画廊、纽约艺术与设计博物馆、阿肯色州艺术中心和休斯敦美术馆等。詹妮弗·特拉斯克的创作灵感就是在解剖动物和植物的过程中产生的，从宏观观察到微观观察，这一过程会极大地激发了她的想象力。她在创作大型骨雕作品之前，必须先用醋浸泡动物骨骼，使其柔软后再开始雕刻。她将这些动物骨骼雕刻得无比精美，其工艺极端细致，令人赏心悦目，是雕塑美的极致呈现（图 3.17、图 3.18）。

　　另外，阿泰·翰（Attai Chen）也是以雕塑理念来创作首饰的代表。他 1979 年出生于以色列耶路撒冷，2006 年获耶路撒冷艺术与设计学院首饰和服装系的绘画艺术学士学位，2012 年毕业于慕尼黑美术学院奥托·昆兹利教授班级。阿泰·翰对创作三维形态深感兴趣，因为首饰是小尺度的雕塑，这正是他所要追寻的。阿泰·翰不认为自己是所谓的首饰设计师，而是作为一名艺术家在首饰的艺术媒介中表达自我。他通常不用设计师的方法去创作作品，为了创作，他与材料建立对话，让材料去引导思路，通过形体发展体现雕塑的本质。阿泰·翰的主要灵感来源于自然，他很少被自然中完美的事物吸引，反而对自然界中的不对称形式、衰退的过程及逐渐萎缩腐化的生物感兴趣。自然的微妙形体和色彩是其无尽的灵感源泉。阿泰·翰突破性地用纸进行创作，而非常用的金属材料，他用金属创作的方式处理纸的造型，以更快的速度使纸材成形，把轻盈感引进创作过程中，将首饰转换成雕塑一样的全新维度（图 3.19、图 3.20）。

　　德国首饰艺术家乌拉和马丁·考夫曼（Ulla & Martin Kaufmann）受爱德华多·奇利达（Eduardo Chillida）和理查德·塞拉（Richard Serra）极简主义雕塑的影响，将空间关系作为首饰的主要关注点。20 世纪 70 年代，他们组成合作伙伴，成为自由职业金工艺术家，他们的每件作品都是其紧密合作的成果。他们偏爱用雕塑的概念去探索成对并置的原理，如软对硬、直对曲；强调首饰的开放空间、反射、重叠，使用极简的设计结合黄金的强大的感官力量体现极致的美感；通过缠绕、交织平面的黄金，创造出体积和空间的合成物。他们运用锻造技术作为塑形的主要方法，这种技术加工的黄金具有异常柔软、柔韧的品质，优雅的设计

更加强化了这种品质。

在乌拉和马丁·考夫曼的作品中，金属超越了自身的视觉硬度，脆弱而光亮。他们深得极简主义的精髓，从不过度加工装饰，而使首饰有一种独特、单纯、静谧的美感（图 3.21、图 3.22）。世界各地众多的博物馆都可以找到他们的作品，其中包括比利时安特卫普的施特克肖夫博物馆、纽约的艺术设计博物馆和柏林的昆士特韦贝博物馆等。

图 3.19（上）项链（阿泰·翰，2015）
材质为纸、漆、不锈钢。

图 3.20（左下）胸针（阿泰·翰，2010）
材质为纸、漆、煤胶、黄铜、银、不锈钢。

图 3.21（右上）项链（乌拉和马丁·考夫曼）
材质为 750 金，宽 28 毫米。

图 3.22（右下）手镯（乌拉和马丁·考夫曼）
材质为 925 银和 750 金，宽 34 毫米。

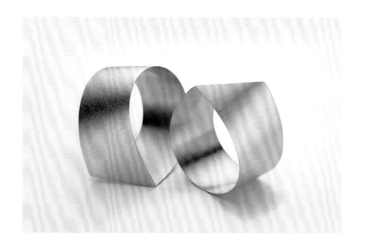

以上首饰家的作品可以很好地体现当代艺术首饰与雕塑之间的共性。首饰家的世界同时也是雕塑家的世界，他们分享着同样丰富的文化遗产，面临着同样的审美和物质挑战，在雕塑理念下创作的首饰本质上就是微型的雕塑。

### 三、可以佩戴的建筑

除了绘画和雕塑之外，建筑艺术也是当代艺术首饰的创意方向。建筑是人类文明的凝结，门类众多，风格多样。建筑领域中有许多可供创作参考的因素，其中最重要的因素就是建筑的空间和结构。以建筑理念进行创作的首饰总结起来主要有以下几种：

#### 1. 再现建筑本身

英国首饰家维基·安伯瑞·史密斯（Vicki Ambery Smith）因以建筑为灵感创作的微缩作品而闻名于世，她的作品曾在欧洲、美国和日本等地展出，并被伦敦维多利亚和阿尔伯特博物馆、苏格兰皇家博物馆永久收藏。在她广受赞誉的职业生涯中，她将建筑首饰发展成为一种风格，其作品从古代希腊和文艺复兴时期的意大利到当代的欧洲和美国的建筑都有所涉及（图 3.23、图 3.24）。有些作品反映了她个人对某个地方的兴趣，而另一些作品则是基于对客户有意义的建筑而创作。她缩小建筑的尺寸，雕琢细节，并使用写实的效果来捕捉其

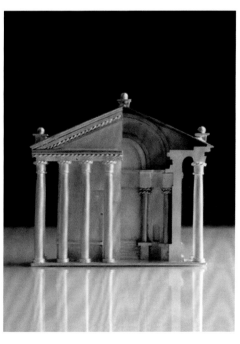

图 3.23（左） 戒指（维姬·安伯瑞·史密斯）
材质为银、红金、黄金。

图 3.24（右） 胸针（朱庇特神庙）
（维姬·安伯瑞·史密斯，2000）
材质为银、红金、黄金，21.4 英寸 ×
23.8 英寸。

本质。维基·安伯瑞·史密斯作品的灵感直接来源于现实，是建筑的缩小再现，类似于建筑模型，她将建筑的美感植入首饰中，让首饰不再局限于人物、花鸟虫鱼等主题，拓展了首饰的表现范围。

### 2. 表现建筑的精神

迈克尔·贝克尔（Michael Backer）曾在德国科隆学习，在那里他掌握了首饰制作的技能，并将首饰作为终身的职业追求。作为一名学生，受到古典建筑和现代主义建筑家密斯·凡德罗作品的极大影响，迈克尔·贝克尔被充当万物基础的隐藏的网状结构所深深吸引，用薄金片精心排列来展示建筑的网状特征，有意地呈现类似都市风景和建筑的空中俯瞰景象。这些作品看起来平面、密闭、规整、透明。贝克尔用黄金创作，黄金的性质是含糊的，它明亮的、单纯的黄色可以以三维的形式直接感知，但在强烈的辐射光下黄金的形体却会消失。不同的结构让作品呈现出不同的色彩，相互作用的尺寸使得表面结构和光赋予作品一个多彩的外观。在这些作品中，金和光是相对的元素，分别代表实在的和转瞬即逝的物质（图3.25、图3.26）。通过对现代主义原则的运用和对黄金处理的卓越技能，贝克尔的作品体现建筑的精神而不是直接再现其外观，他持续努力探索，使作品具有与众不同的极致美。他的首饰作品被巴黎装饰艺术博物馆、德国的普福尔茨海姆的首饰博物馆和纽约的库珀休伊特国家设计博物馆永久收藏。

图3.25（左） 胸针（迈克尔·贝克尔，2004）
材质为18K黄金，4.5厘米×4.5厘米。

图3.26（右） 胸针（迈克尔·贝克尔，1988）
材质为18K黄金，3.9厘米×3.9厘米。

### 3. 解构建筑

美国首饰家琳达·拉罗什（Lynda LaRoche）任教于美国的宾夕法尼亚州印第安纳大学，她在美国首饰艺术界的威望极高。拉罗什的每一件首饰作品都是雕塑形态的艺术品，具有鲜明的个人风格，她的作品参加过数百个国际级的展览并多次获奖。拉罗什从事艺术首饰设计与制作已有三十多年的时间，她的作品与其说是首饰，不如说是戴在身上的建筑，因此她把自己称作"首饰建筑师"。拉罗什所创作的每一件作品都是独一无二的，就连她所创作的耳钉也都没有重复的。她的首饰作品有的具有功能性，有的则没有，更确切地说是"可以佩戴的建筑"。她将建筑进行解构，选取局部元素进行重新排列组合，再形成独特的形象和意境。她创作的灵感来自建筑但又不拘泥于其中，而是形成了独具特色的建筑理念首饰（图 3.27）。

对于拉罗什来说，金或银的片材是她制作首饰的主要材料。她在创作中会先搭框架，确立模型，再像处理墙面涂料一样处理作品的表面肌理。她经常周游世界各国，用相机记录素材，通常最令她感动并给她创作灵感的是世界各地不同风格的建筑造型和色彩。回到工作室后，她再对素材整理归纳，日常的建筑和色彩在她随后的创作中被"翻译"成各种隐喻和象征。她并不是简单的复制建筑，而是将建筑的墙面、门脸、柱头等经过简化、推敲、解析和重组，浓缩成最具装饰性的元素并运用到她所创作的首饰作品中，因此她称自己是一个"现代极简派艺术家"。

在首饰的手工艺属性中加入艺术的成分，让首饰不再只是单调的装饰物，首饰完全可以成为独立的艺术品。纯艺术的丰厚的文化遗产是当代艺术首饰创作取之不尽的灵感之源，运用绘画、雕塑和建筑等理念来创作首饰，从本质来说就是首饰创作者在寻求纯艺术形式的表达道路。

图 3.27　胸针（建筑系列）（琳达·拉罗什，1987）
材质为纯银、14K 黄金、黑色板岩。

## 第二节
# 后现代的呈现

*Section 2　Presentation of Postmodernism*

20 世纪 60 年代以后，西方一些国家相继进入所谓的"丰裕型社会"，注重功能的现代设计的一些弊端逐渐显现出来。功能主义从 20 世纪 50 年代末期被质疑发展到了尽头，产生了严重的危机。生活富裕的人们再也不能满足功能所带来的有限价值，而需求更多、更美、更富装饰性和人性化的产品设计，因此催生了一个多元化设计时代的到来。1977 年，美国建筑师、评论家查尔斯·詹克斯在《后现代建筑语言》一书中将这一设计思潮明确称为"后现代主义"。

后现代主义的影响首先体现在建筑领域，而后迅速波及文学、哲学、批评理论及设计等其他领域中。一部分建筑师开始在古典主义的装饰传统中寻找创作的灵感，以简化、夸张、变形、组合等手法，采用历史建筑及装饰的局部或部件作为元素进行设计。后现代主义最早的宣言是美国建筑师文丘里于 1966 年出版的《建筑的复杂性与矛盾性》一书，其中文丘里的建筑理论"少即是乏味"的口号与现代主义"少即是多"的信条针锋相对。

另一位后现代主义的发言人斯特恩把后现代主义的主要特征归结为三点：文脉主义、隐喻主义和装饰主义。他强调建筑的历史文化内涵、建筑与环境的关系和建筑的象征性，并把装饰作为建筑不可分割的部分。后现代主义在 20 世纪七八十年代的建筑界和设计界掀起了轩然大波。在产品设计界，后现代主义的重要代表是意大利的孟菲斯设计集团，针对现代主义后期出现的单调的、缺乏人情味的理性而冷酷的面貌，后现代主义以追求富于人性的、装饰的、变化的、个人的、传统的、表现的形式，塑造多元化的设计特征 [1]。

艺术由现代向后现代发展，随之产生了大量的风格流派。后现代主义思潮促进了思想的进一步开放，首饰创作者们革新了首饰传统，进一步推动了当代艺术首饰创作理念的发展，从而产生了新的后现代主义风格首饰类型。后现代主义艺术流派受现成物艺术和波普艺术的影响，随之出现了相应的当代艺术首饰类型——现成物首饰和波普首饰。

## 一、现成物首饰

现成物艺术是由后现代主义发展出的主要艺术类型之一。现成物的概念来源于法国的马塞尔·杜尚，他分别用签名的小便池（图 3.28）和将一只可以随意转动的自行车轮安置在一张板凳上（图 3.29）的作品来参加展览，从而开创了"现成物艺术"，宣告了传统雕塑的终结。用现成物进行艺术创作也是达达艺术的重要组成部分。从此，人工制作的现成物品堂而皇之地进入艺术的殿堂，开辟了艺术史的新篇章。

---

[1] 王树良、张玉花:《现代设计史》，重庆大学出版社，2012，第 138–140 页。

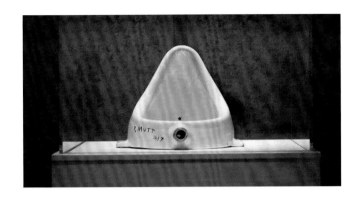

当代首饰家们对艺术的风潮感受特别敏锐，积极地用现成物艺术（达达主义）的理念来创作首饰，其中最有代表性的首饰家有安妮·阿尔伯斯、格雷恩·莫顿（Grainne Morton）、费利克·范德利斯特（Felieke van der Leest）、芭芭拉·帕格宁（Barbara Paganin）、伯恩哈德·肖宾格（Bernhard Schobinger）、汉斯·斯托弗（Hans Stofer）等。

包豪斯时期，纺织艺术家安妮·阿尔伯斯率先使用现成的材料制作出与传统珠宝的贵重和华丽形成直接对比的作品。经过包豪斯训练的阿尔伯斯在 1941 年用铝制水槽过滤器制作了一枚的胸针，上面悬挂着回形针（图 3.30、图 3.31），这件作品完全采用包豪斯式的理念，选用廉价的工业化、半现成材料设计制作。这件作品曾在纽约现代艺术博物馆展出，产生了广泛的影响。她还设计了多件这种类型的现成物首饰，这些首饰造型简洁、结构奇特，可以由消费者自行拼装。

图 3.28（左上） 现成物雕塑《泉》（马塞尔·杜尚，1917）

图 3.29（右上） 现成物雕塑《自行车轮子》（马塞尔·杜尚，1913）

图 3.30（左下） 项链（安妮·阿尔伯斯、亚历克斯·里德，1940）材质为铝过滤器、回形针，长度 40.6 厘米，过滤器直径 7.6 厘米。

图 3.31（右下） 安妮·阿尔伯斯的首饰组装部件

首饰家格雷恩·莫顿出生并成长于北爱尔兰，20世纪80年代末就读于爱丁堡艺术学院。她从记事起就一直是一个喜欢收集零碎东西的人，不断囤积那些引起自己注意的任何微型的物件。在读书期间她成了一个狂热的古董收藏家。古董收藏很显然成了她的灵感来源，于是她尝试将创作与此结合，因此收集和收藏成为她首饰的组成部分。她将大量的现成物品作为材料，通过个性的设定，用银将它们组合在一起，来强调这些材料的平衡、比例、形状和形式，进而产生一些意想不到的美感。随着实践的增多，她所使用的材料也渐渐改变。格雷恩·莫顿的创造力来自她自身的文化，包括传统工艺、民间传说、音乐和童话等，她将文化融入创作实践中，将现成物作为自己作品的主要构成要素，这些现成物作品是极其个人化的，几乎是一种潜意识的反映（图 3.32、图 3.33）。

　　荷兰首饰家费利克·范德利斯特出生在荷兰埃门，她的首饰用到大量现成的塑料动物玩具，她将购买的玩具拆解成部件，再用纤维手工编织重新组合装配成首饰。动物在她心里有着特别的位置，她创造了许多关于动物的装饰品，在博物馆中她把几个超大的标本放在人们的视觉中心，如会议室和楼梯间，好像把它们组成了一个温馨的家。首饰的规模或功能并不是范德利斯特的创作动机，不同寻常的故事才是她最主要的灵感来源。她引进了编织技术，丰富了首饰设计的语言。在十几年的创作中通过金、银和塑料的结合，她发展并形成了自己天马行空、风趣幽默、充满童真的独特风格。除了明显的趣味性，她的作品有时会展示出一个意想不到但又令人深思的、当代较为严重的问题，如涉及环境污染、处理动物和社会关系等。

　　范德利斯特通过这种现成物的创作理念，使作品就如同寓言故事一样醒目，向我们展示了事物的另一面。但她最重要的品质仍然是用不可阻挡的热情所创作出来的作品带给我们的乐趣（图 3.34、图 3.35）。

　　首饰创作者开始通过现成物来表达他们的思想，其中包含新的现成物或回收的物品，有一些甚至是令人吃惊的物品。自20世纪60年代，雷蒙娜·索尔伯格（Ramona Solberg）和罗伯特·埃本多夫将现成物创作法引入首饰领域后，其实运用现成物理念创作的首饰家还有美国的谢尔盖·吉文廷（Sergey Jivetin），他在工业生产的微小物品中发现了现成物的奇妙，如他把手表指针和首饰制作者使用的锯片结合制作成复杂的胸针。德国金匠法尔科·马克思（Falko Marx）使用一种最普通的现成物处理方法：将铁、墨水、锡罐或普通自来水镶入金色画框中，这些技艺都将我们的注意力集中在常规的首饰制作上。美国西雅图的肯·科里（Ken Cory）被称为"铅笔兄弟"，也是现成物首饰创作者中的佼佼者，他使用现成物、皮革、铜、石头和叙述性的珐琅制品。首饰创作者雷蒙娜·索尔伯格使用的现成物几乎是

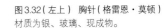

图3.32（左上）胸针（格雷恩·莫顿）
材质为银、玻璃、现成物。

图3.33（左下）胸针（格雷恩·莫顿）
材质为银、现成物。

图3.34（右上）项链（费利克·范
德利斯特，2008）
材质为塑料动物、氧化银、玻璃珠、
动物组，15厘米×15厘米×4厘米。

图3.35（下）胸针《反战战士》（费
利克·范德利斯特，2012）
材质为纺织品、玻璃珠、金、黄玉、
玛瑙、银，8.5厘米×9厘米×4厘米。

图 3.36（左） 波普艺术作品《到底是什么使得今日的家庭如此非凡，如此迷人？》（理查德·汉密尔顿，1956）

图 3.37（中） 波普艺术作品《玛丽莲·梦露》（安迪·沃霍尔）

图 3.38（右） 波普艺术作品《金宝汤罐头系列》（安迪·沃霍尔）

部落风格的，她将原始、民间的现成物与锻造和电铸金属元素结合在一起，创造出充满怀旧和象征意义的首饰类型。

现成物理念的创作方式在当代艺术首饰中运用得非常广泛，如今世界各地的首饰人都在使用现成物的方法创造令人惊叹的作品，以传达艺术家独特的创作理念。

## 二、波普首饰

波普艺术发源于 20 世纪 50 年代的英国，它运用大众流行元素进行创作，多选用普通、艳俗的题材来反映消费文化、大众与社会现实，与精英主义相对立。波普艺术这个术语首次出现在英国批评家劳伦斯·阿洛维（Lawrence Alloway）发表的一篇文章里。波普艺术的代表人物为理查德·汉密尔顿（Richard Hamilton），他的拼贴作品《到底是什么使得今日的家庭如此非凡，如此迷人？》（1956）是波普艺术的标志性作品（图 3.36）。

波普艺术 20 世纪 60 年代在安迪·沃霍尔（图 3.37、图 3.38）等美国艺术家的参与中得到迅猛发展，成了 20 世纪最具特色的艺术类别之一。这股艺术之风影响非常广泛，艺术家们开始对大众文化进行探索：立体派在他们的拼贴画中利用取自现实但又无法辨认的材料片段进行创作，而波普艺术家则转向日常消费生活中选取素材。波普艺术的关键词包括大批量生产、通俗、消费品、低成本、诙谐、性感、年轻、短暂等。波普艺术家将通俗文化中的母题结合到拼贴艺术和装配艺术中，利用无所不在的都市文化形象，如涂鸦、广告、图形等，进行大胆的艺术创作。

就波普艺术而言，它并不是简单地沉湎于大众文化，其根源在于达达主义艺术，尤其难以为人所理解的是杜尚的作品。从表面上看，它似乎倡导了一种令人啼笑皆非地对粗俗东西的崇拜，但从本质上看，它使一件艺术作品的概念——占主导地位的观念——凌驾于作品的表现方法之上。波普艺术和它的后续者之一的概念艺术之间的距离只有一步之遥，尽管波普艺术常常是华丽的，而概念艺术则是简约的[1]。

波普艺术的盛行给当代艺术首饰的创作提供了灵感来源，首饰人积极地践行这种创作理念。20 世纪 60 年代，随着安迪·沃霍尔和波普艺术的兴起，美国新一代首饰创作者步入成熟期，他们的创作取代了 20 世纪 40 年代和 50 年代的现代主义习语，并对构成艺术的事物

---

1 袁熙旸：《非典型设计史》，北京大学出版社，2015，第278页。

提出了挑战性的看法，其变革力量堪比艺术界的马塞尔·杜尚。为了让他们的作品反映时代，首饰家们转向叙事日常，重新配置现成物，并把它们放在令人意想不到的新环境中，以承担当代的信息，这种个性的创作理念日后成了美国首饰的精髓。

19世纪60年代，美国的首饰艺术家J.弗雷德·沃尔已经将标志、图片、百事可乐罐等现成物作为具象的材料元素用于首饰中，这也是受到波普艺术的影响。沃尔曾获得北美金匠协会2012年颁发的终身成就奖，他的首饰被史密森仁威克艺廊和艺术与设计博物馆收藏。沃尔强调内容，拒绝传统制作首饰使用的贵重材料，将首饰赋予了一种放克的意味，在概念上与波普相似，但通常还添加了平庸或明目张胆的性意象。沃尔用这种独特的方式创作来呈现典型的美国生活方式，作为反对首饰的传统观念来嘲讽美国社会的一种表达，体现他对消费文化的思考，对"完美"这个概念的深思（图3.39、图3.40）。

美国首饰艺术家罗伯特·埃本多夫的作品也同样运用了波普艺术的创作方法，他因其在作品中使用了不同寻常的照片、现成物、工业产品和纸张等材料而闻名。作为20世纪60年代以来当代艺术首饰领域的主要先驱，他将零星的碎片元素创作提升到另一个层次——照片、包装、服装首饰、报纸、浮木……都可以用在首饰当中。这些廉价的物品与传统首饰的精美材料结合在一起，充满了趣味（图3.41、图3.42）。

罗伯特·埃本多夫深受克劳斯·布利（Claus Bury）将首饰视为纯艺术形式的影响，他对首饰被接受成为一种艺术门类做出了巨大的贡献。埃本多夫的作品不仅仅是简单的装饰，他还通过使用多种现成物元素制成的拼贴画和装配表达个人视觉语言，并成功地研究了矛盾的概念，从而拓展了首饰定义的界限。

图3.39（左1）胸针《百事一代活跃起来》（J.弗雷德·沃尔，1966）
材质为银、铜、黄铜、现成物，高10厘米。

图3.40（左2）胸针《认识太多的人》（J.弗雷德·沃尔）
材质为木、铜、黄铜、现成物。

图3.41（左3）胸针《男子和宠物蜂》（罗伯特·埃本多夫，1971）
材质为铜、玛瑙珠。

图3.42（右）胸针（罗伯特·埃本多夫，1971）
材质为铜、银、纸、有机玻璃。

## 第三节
# 概念艺术的探索

*Section 3    Exploration of Conceptual Art*

首饰发展到当代阶段也是对首饰本质不断质疑的过程。概念艺术盛行于 20 世纪 60 年代末和 70 年代初，它的基本概念是用思想或概念构成真实的作品，最极端的概念艺术是完全抛弃物体，用口头或书面的信息来传达思想的。美国艺术家索尔·莱威特（Sol LeWit）和约瑟夫·科苏斯（Joseph Kosuth）对概念艺术做出了进一步的定义，莱威特在 1967 年《概念艺术的段落》一文中，将概念艺术定义为"用来吸引观者的精神而不是眼睛和情感的艺术"，并且认为"思想本身即使没有做成看得见的东西，也是一件像任何完工产品一样的艺术作品"[1]。

概念艺术中最具代表性的作品是约瑟夫·科苏斯的早期作品《一把和三把椅子》（图 3.43），他将一把真实的椅子、一段字典上关于椅子的定义和一张椅子的照片并列放置在展厅中，科苏斯提供了关于这把椅子从客体到主体的全部可能性，并以此探讨文字（观念）、现实和图像三者之间的关系。约瑟夫·科苏斯通常被认为是重要的观念艺术家和理论先驱，他认为杜尚的"现成品"构成了从"外表"到"观念"的变化，是"现代艺术的开端和观念

图 3.43　概念作品《一把和三把椅子》（约瑟夫·科苏斯，1965—1966）

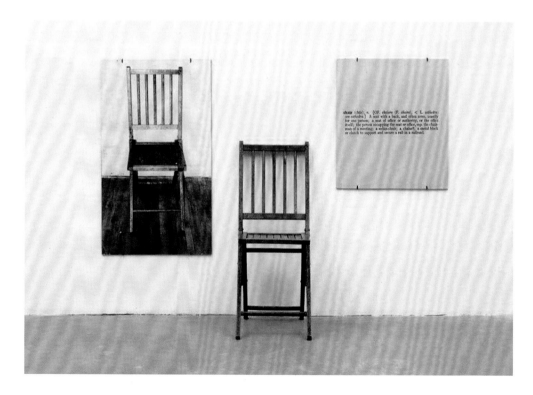

---

1　埃米·登普西：《风格、学派和运动》，巴竹师译，中国建筑工业出版社，2017，第240 页。

艺术的开端"，并且他认为实际的艺术品不是后来配上框子挂在墙上的东西，而是艺术家在创作的时候所从事的活动。他还用贾德、莫里斯、托尼·史密斯、贝尔及其他人的极少主义作品作例证，说明为何一件作品用艺术的眼光来看待的时候才算是艺术。科苏斯认为，约翰斯、贾德、莫里斯、伊夫·克莱因及奥本海姆等人是典型的概念艺术家。科苏斯在这件作品中将概念作为一种独立的因素从实物及其形象中抽离出来，试图表明它具有独立而且重要的支配作用。这件作品很容易让人联想到古希腊哲学家柏拉图对于艺术的定义。柏拉图认为在宇宙中，"理念"的世界是第一位的，而现实中的所有东西都是宇宙中理念的显现形式。而艺术是对现实世界的模仿，所以艺术只能算作"摹本的摹本""影子的影子"。柏拉图曾经用三张床的例子来说明理念、现实与模仿的艺术之间的层级关系，而科苏斯的作品中就借用了这一哲学史上的著名学说作为"概念艺术"的寓言，以此表明物质性因素实际处于艺术创作的末端，而观念性的因素才是艺术的中心。此外，这件作品也从一个侧面试图表明了文字作为艺术表现形式的合法性。

概念艺术的表现意图令观者意识到艺术和现实的语言本质，以及思想及其视觉和语言表现之间的相互作用。当代艺术首饰创作理念经过不断的发展，在概念艺术运动的影响下，同样也开始了此方向的探索之路。纽约文化中心在1970年举办了"概念艺术和概念全貌展"，"概念艺术"这个术语得到了正式承认。概念艺术的思想继续发展，逐渐构成了许多当代艺术的基础。

瑞士首饰艺术家奥托·昆兹利是当代艺术首饰概念艺术创作理念的先驱，是最具国际影响力的当代首饰家，也是一位有着杰出成就的金匠、作家和导师。他的首饰揭露围绕着首饰设计的社会、政治和文化问题，这些设计具有挑衅性和高超的执行力，通常展示讽刺的幽默感。昆兹利的代表作品是1980年创作的《黄金使你盲目》（Gold Makes You Blind）手镯（图3.44），一个黑色的橡胶圈，中部有一处隆起，这个手镯乍看起来毫不起眼。圆环隆起处是一个金球，它被一个毫无特色的黑色橡胶管完全覆盖，这象征着黄金回归至起源的黑暗。他批评了贵重材料至高无上的观点。然而，即使黄金是隐形的，也要承认它的诱惑力，并测试佩戴者对艺术家是否正直的信心。昆兹利1986年创作的项圈系列作品之一是把一个华丽的相框戴在一名女性模特身上，修饰和加强中心主题，模特取代宝石，摆拍肖像（图3.45），以此质疑首饰相对于佩戴者的重要性。昆兹利从本质上颠覆了首饰的功能，以思想作为首饰构思的主要理念，而不是通常的形式美感的视觉呈现。

图3.44（上）手镯《黄金使你盲目》（奥托·昆兹利，1980）
作品材质为橡胶、金，直径8厘米。

图3.45（下）项饰照片（CIPS印刷品）（奥托·昆兹利，1984）
作品尺寸为75厘米×62.5厘米。

在昆兹利的另一件作品《链条》（1985）（图3.46）中，他进一步发展了这一原则。为了制作这条项链，他通过在报纸上刊登广告的方式收集了1881—1981年间的48枚二手婚戒，

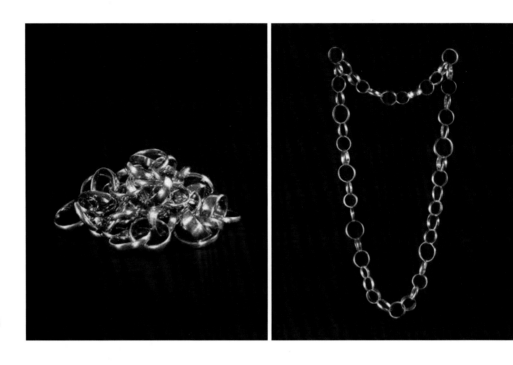

图 3.46  项链（二手金戒指）（奥托·昆兹利，1985）

然后将它们组装成项链，虽然链子本身是 1985—1986 年间制造的，但戒指上刻着原主人的姓名或首字母和日期，它们跨越了从 1881 年到 1981 年的一个世纪。每一枚戒指的制作都不同，所用黄金的颜色和克拉数也不同，它们曾环绕着或肥胖或纤细的手指上。

通常丢弃的结婚戒指意味着婚姻的消亡，可能是分居、意外、离婚、谋杀或死亡。不管是怎样的状况，这些婚戒都曾沉默地见证过每一个爱、恨、背叛、分离、计较和冷漠的故事。结婚戒指是世界上最受欢迎的珠宝首饰，它是两个情人完美结合的标志，把婚戒作为项链中的一个组成部件，这等于是违反了婚姻的禁忌，因为这里的婚姻符号已经被消解，暗指一个命运多舛的结局。

这条项链外观平凡无奇，即使金光闪闪的黄金保留了它的物质价值，但当观者了解了其中的故事，瞬间可能就会被征服。它的制作过程代表着破坏，因为戴戒指的人死亡后，个人的故事自然消失，只留下戒指作为像圣物一样的签名。它被一个象征婚姻命运的巨大价值所压倒，这样的项链几乎让佩戴它的人无法承受。

这条项链看起来真的很俗气，又细又单调。每到下一个链环，他们过去塑造的完整圆环被一分为二，然后再次封闭，这是不可避免的、相互联系的隐喻。赫尔穆特·弗里德尔（Helmut Friedel）认识到这件作品的概念性、古老性和强大性，其艺术价值远远超出了人们熟悉的首饰，因此将其作为慕尼黑的伦巴赫豪斯市美术馆的收藏品。

奥地利首饰家彼得·斯库比克也是概念首饰的积极探索者。他出生于 1935 年 8 月，1954—1958 年就读于奥地利维也纳应用艺术学院，师从尤金·梅尔（ugen Mayer）教授；曾于 1979 年在德国担任科隆应用技术大学首饰设计专业教授，1983 年、1984 年、1996 年担任奥地利萨尔茨堡艺术学院教授，1999 年、2000 年在意大利担任桑布鲁森夏季学院的首饰设计艺术指导，一生获奖无数。2016 年，在国际最为著名的当代首饰盛会德国 SCHMUCK 首饰展览中，彼得·斯库比克全权负责选择参展艺术家。斯库比克多年来显示出他对其他艺术形式的兴趣，包括概念、雕塑、装置和行为艺术，他一直在寻找新的首饰表达方式、限定和界限。斯库比克曾用概念的方式创作了一个前卫的行为作品"皮肤下的首饰"（图 3.47），他在左前臂皮肤下植入一个塑形的首饰并将其放置 7 年后取出。这件作品以非常激进的方式挑战了首饰的佩戴方式，以此追问首饰的边界，典型地反映了当代艺术首饰的概念性。正如首饰评论家诺埃尔·多拉（Noel Dolla）所说："重要的不是形式而是思想，即抽象的精神。"

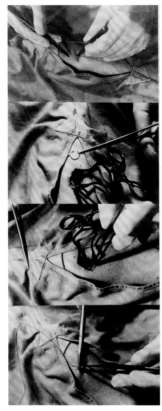

图 3.47　概念首饰（皮肤下的首饰）（彼得·斯库比克，1975）

荷兰的先锋派首饰家赫斯·贝克（Gijs Bakker）描述着他的一些思想发展过程："1973 年，我用一根很细的金丝制作了一副'手镯'。金丝被尽可能紧地箍在手臂上，直到它完全勒入肌肤之中，只留下看得见的勒痕（标记）。下一步我就不再使用金丝，而只展示以前用金丝所造成的痕迹，这种勒痕就具有了一件首饰的功能，你也可以称它为一件'有机首饰'（organic jewellery piece），它是在以下意义上才称为有机的，即一个印痕是具有清晰层面的逐渐出现的过程。一个动作造成一个印痕的出现、加深，一段时间后消退了，直至完全消失。此外，我还尝试用在布下放置某些物体的方法来制作一件不可见的'首饰'。"[1]（图 3.48）

印痕会随着时间而消逝，这一行为挑战了首饰的材料必须是耐久材料的认知，同时突破了首饰必须是实物的固有观念，更进一步地将首饰的定义拓展到虚拟的范畴。

荷兰的泰德·诺顿 1998 年制作了作品《嚼你自己的胸针》（图 3.49）。他为消费者提供了口香糖，购买的人将嚼过的口香糖还给他，然后拿回来一个银或金翻模制作的胸针——

1　爱德华·卢西·史密斯：《世界工艺史》，浙江美术学院出版社，1992，第 284 页。

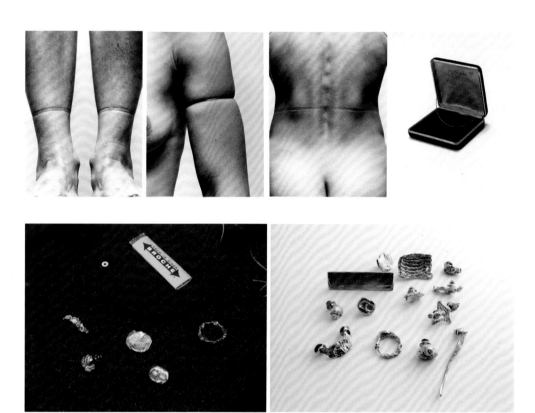

一个由购买者的嘴塑造的小雕塑。诺顿让咀嚼者对最终产品有了一种创造性影响，挖掘了
参与者内在孩童般的创造力，对首饰创作的概念进行了戏谑的嘲讽。为了让每个人都能拥
有奔驰，诺顿还把奔驰汽车车身切割成碎片，然后将其制作成胸针出售（图 3.50）。在作品
《弗雷德》中，他将一只苍蝇和一颗珍珠嵌入了自己标志性的材料丙烯酸（亚克力）铸造中
（图 3.51）。同时，诺顿还进行了首饰平民化的努力，不仅通过避开贵重的材料，还面向比艺
术首饰爱好者更广泛的受众。诺顿喜欢摆脱艺术首饰被扭曲的限制性模式。相反，他努力扩
大观众，超越收藏家和博物馆，因为他挑战和入侵人们的舒适区，运用熟悉和不协调的另类
组合，通过概念、行为来表现作品。

　　比利时首饰艺术家利斯别·布舍（Liesbet Bussche）的"城市首饰"系列作品（图 3.52）
将阿姆斯特丹街道上的路障和路标改造成超越佩戴在人体上的尺度，这些物件大到具有雕塑
的体量，但它仍保持最基本的首饰造型，只是佩戴者变成了城市。她用聪明且奇特的方式，
让最普通的物体变得非同寻常，为其增添了独特的意味。利斯别·布舍在那慕尔市创造了

图 3.50（左上） 100 枚胸针（泰德·诺顿，2003）
材质为梅赛德斯—奔驰 E 级 210 的车体材料。

图 3.51（右上） 项链（泰德·诺顿，2003）
材质为苍蝇、珍珠、亚面力树脂、细绳，4 厘米 ×2.5 厘米 ×1.2 厘米。

图 3.52（左下） 城市首饰（利斯别·布舍，2009）

图 3.53（右下） 城市首饰（利斯别·布舍，2017）

一系列五件大项链，这五条项链被放置在当地的名叫那慕尔的河流上。夏天，这些水边的码头变成了阳光明媚的所在，让当地人和游客可以沿着河边漫步，乘船享受阳光，或者和孩子们在岸边玩耍，因此河流的功能从工作转变为休闲。为了强调这种转变，歌颂水在社会环境中的作用，利斯别·布舍决定用航海材料制造这些包括厚厚的船绳、彩色的钓鱼漂浮物和不锈钢链结合珍贵的首饰组件（图 3.53）。这些特定的艺术品是设计师正在进行的"城市首饰"系列的一部分，她将首饰通常与人有亲密体验感觉的意象带入公共空间，将原型首饰放大，并与城市元素联系起来，在日常生活中创造意想不到的场景。

张翠莲（Lin Cheung）是英国的著名首饰艺术家，伦敦中央圣马丁艺术学院高级讲师。她曾于皇家艺术学院学习。张翠莲用概念的方式提出问题并赋予首饰用途和意义，她的作品是对日常经验观察的个人反应。

张翠莲的创作理念聚焦的重点主要是首饰的概念，以及如何通过首饰制作技术、图像制作和声音来再现这些想法。她认为，首饰是一个主题，而不是材料。她的作品探讨了首饰和物件作为人类状况表现的可能性，她去探索和发展创造性的反应及如何将首饰主题进一步体验，以首饰为缪斯，以首饰内容和首饰环境为出发点，研究、开发、探索项目并通过制作和质询材料来呈现。张翠莲首饰的叙事结构通常是嵌入的，概念常被用来探索物质隐藏在首饰物件上的意义、附件和价值，她通常用创作过程和对材料的理解来解释思想，质问珠宝首饰作为装饰和身份的角色，并将作品作为记忆和情感的触发器。她将首饰视为一种社会现象来观察、讨论并探索首饰周边的观念。

在"银罂粟"首饰项目（图3.54）中，张翠莲用伦敦维多利亚和阿尔伯特博物馆展览通道墙上的"二战"弹片损伤痕迹（图3.55）制作胸针，她认为这些"伤口"提醒人们战争和冲突在家庭、个人和其他方面造成的破坏。在最初不知道结果如何的情况下，她用聚合物黏土拓印这些痕迹，然后将它们铸造成银和青铜。"银罂粟"这一名称与它们花朵般的、几乎像罂粟花的外表相呼应，她建议人们把它们当作另类罂粟佩戴——和平的一般象征。此件作品的创作源于张翠莲曾参观过V&A博物馆上百次，每次到那里，她都会观看并触摸展览入口的墙壁。这些墙似乎急需修复，直到一块石刻告诉人们这是1939—1945年的战争破坏，这些遗迹留下来作为纪念博物馆在冲突时期的持久价值观，弹片的破坏打动了创作者，于是她创作了此系列的作品，作为对动荡时期的永久纪念。由此可见，这个系列的作品具有区别于一般装饰类首饰的、强烈的概念属性。

图3.54（左）胸针（罂粟花）（张翠莲，2000）
材质为银。

图3.55（右）维多利亚和阿尔伯特博物馆展览道墙上的"二战"弹片损伤痕迹

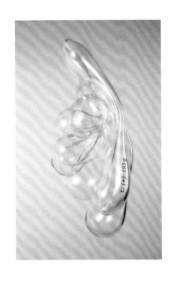

图 3.56（左） 胸针《超额 189/193》
（克里斯托夫·齐韦格，2014）
材质为玻璃。

图 3.57（右） 胸针《超额 298/329》
（克里斯托夫·齐韦格，2014）
材质为玻璃。

　　克里斯托夫·齐韦格（Christoph Zellweger）出生于瑞士，1993 年伦敦皇家艺术学院毕业之前，他作为一位训练有素的设计师、模型制作师、首饰技工为德国和瑞士的高端奢侈品市场工作。在硕士研究期间，他转向一个概念性和实验性的方向。在推动身体装饰的定义方面他具有很高的国际知名度。他的作品具有很高的技术与概念的创新性，并于欧美诸多知名画廊、博物馆展出，还有公共收藏。除了他自己的工作室参加很多国际展览外，2003 年以来，他还是谢菲尔德·哈勒姆大学的教授，在瑞士卢塞恩艺术设计学院教授产品和首饰设计。齐韦格作品总是对真实、虚构、伦理方面产生回应。他的吊坠作品《超额 189/193》和《超额 298/329》（图 3.56、图 3.57）是由中空、透明的吹制玻璃制成的。齐韦格将吹制的玻璃标上重量，以作为操作的参考，数据呈现的是能容纳脂肪的量。以上作品呈现了整容者通过吸脂技术从其身体的某部分取出脂肪，再通过注脂技术注入其乳房这一过程。他的作品从跨学科合作的实践出发，带有社会科学家和可塑性美学外壳，用概念的方式批判性地探索一些质疑当代视觉在身份、身体和新的医学技术进步情况下影响人观点的因素。

　　英国当代首饰家娜米·菲尔默（Naomi Filmer）1993 年毕业于英国皇家艺术学院，获得金工、银器和首饰专业的硕士学位，她曾在英国中央圣马丁艺术学院和皇家艺术学院教授珠宝时尚课程。她将其作品描述为"关于身体的可以佩戴的物品而不是首饰"。菲尔默的概念主义设计关注材质和人体的对立性思考，她的设计充满不确定性、未来主义、黑暗美学、颓丧气质、宗教意味甚至解构主义，这些风格在她的作品里都可以找到。菲尔默在 20 世纪 90 年代与著名的英国设计师如侯赛因·卡拉扬、雪莱·福克斯和亚历山大·麦昆的走秀合作中获得了良好的声誉。她为阿玛尼、巴宝莉等知名品牌设计珠宝系列。

　　1999 年，菲尔默在朱迪思克拉克画廊举办首次个人展览，名为"Behind-Before-Beyond"。此次展出了她以冰为原料创作出的首饰系列（图 3.58）。冰块不是一个能够表达永恒的题材，它的转瞬即逝相对于肉体真实的存在感，再相对于记忆感知的无限延续。水是珍

图 3.58 概念首饰（娜米·菲尔默）
材质为冰。

图3.59 概念首饰（娜米·菲尔默，
2007—2008）
材质为玻璃。

贵的，肉体的感知是珍贵的，记忆也是珍贵的。菲尔默还利用玻璃、金属、皮革等反常规的设计去解构人体，突破肢体的边界，以捆绑或约束的姿态来表达一种永恒的美感（图3.59）。菲尔默曾将自己的创作理念表达为想要突破传统首饰定义的边界，致力于界定饰品和身体之间的关系，饰品本身的重要性远远低于身体在佩戴时的感官记忆。

菲尔默作品的艺术性远远超越了商业性，她的设计概念总是如此跳脱又充满艺术和哲学的反思，这种首饰模糊了传统首饰装饰性的界限，在哲学意义上重新界定了人体和饰品的关系，让人性的美在首饰里得到极限的彰显。

美国首饰艺术家丽莎·格拉尼克（Lisa Gralnick）的作品用激进的概念强烈地抨击当代文化本质，她用黄金来探索唯物主义和用户至上主义的性质，讽刺黄金似乎丢失了其本质的价值。格拉尼克把金贴在物品的石膏复制品上（图3.60、图3.61），创作了一组具有挑战意义的雕塑，质问我们的价值系统和我们放置在财产上的价码。她明确表示在作品中，她探索作为艺术媒介的黄金的历史和当代物质世界中黄金充当抵押品之间的关系。通过让黄金成为标准来反对所有其他的商品被单一估量，是她创作系列作品"黄金的标准"的灵感。这些作品探索冲击当代经济中黄金的价值。通过计算等值黄金的量，来反映各种日常物品的价值。

图3.60（左） 胸针（丽莎·格拉尼克）
材质为黄金。

图3.61（右） 丽莎·格拉尼克首饰
作品展示方式

格拉尼克的早期作品许多是由黑色亚克力制成的，但当20世纪90年代开始使用贵金属时，其作品面貌发生了戏剧性的变化。她认为艺术首饰能体现理想的概念，创作作品所选择的材料服从她意识的陈述。这些作品吸引观者反思首饰与贵金属的关联和角色问题。

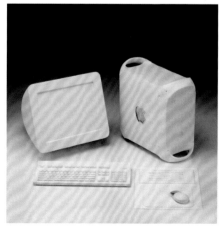

奥地利首饰家比尔吉特·尤尔根塞尔（Birgit juergensser）则用光影首饰挑战了首饰的物质性存在，可以说在当代首饰的去物质化方向前进了一大步，她的作品将首饰的定义又再次进行了拓展（图3.62）。

弗里德里克·布拉罕（Frédéric Braham）是法国的首饰家、金匠、艺术家兼策展人，他的首饰作品是概念艺术表达的极致代表，他通过游走在当代艺术的不同领域来表达自己。收藏家、画廊老板、博物馆和当代艺术首饰爱好者都对他的作品着迷，他曾参加过法国、德国、西班牙、美国、爱沙尼亚、新西兰和荷兰等的团体和个人展览，其作品在荷兰斯特德利克博物馆公共藏品中展出。最初，他接受的是传统的金匠教育，后来他从事了几年首饰制作工作。1994年，转向雕塑创作，并在人体艺术、表演和绘画方面开展了自己的实验。布拉罕创作的作品《内在美》系列（图3.63、图3.64）第一眼看上去和普通的液体类化妆品并没有什么不同，但是这项作品其实是一种治疗液体，是他与摩纳哥科学中心合作研制的。这些液体是金、银、铜合金或珍珠、钻石、红宝石或陨石的微量稀释液。它们是要被吞咽的液体首饰，只对身体起作用，是给身体和整个生命的精神或态度带来内在美。布拉罕的作品将身体当作了一个通道，把它变成了炼金术的一部分。

布拉罕将态度变成形式，审视美对人们意味着什么，他的这些表现形式和首饰之间产生了联结。在这个框架内，他促使观者带着对生活某一方面的思考来理解作品，这种创作理念完全是以概念为出发点的。布拉罕用社会的产物作为概念来创作，涉及的领域是科学、医学、伦理、政治、宗教及个人和社会的行为。布拉罕的概念首饰所依据的形式和思想处于前沿，他质疑共同的观点、背景，认为身体是一个社会中人的定义中心，也是这个社会通过它所产生的意识和标准来实现自身的手段，它是社会、政治、宗教和文化结构的结果。布拉罕的艺术首饰作品提供了概念创作解决方案，对质疑首饰的本质给出了建议，把观众带到一个自省的过程中。

图3.62（上） 影子首饰（比尔吉特·尤尔根塞尔，奥地利）

图3.63（中） 概念首饰《内在美》（弗里德里克·布拉罕，2005）
材质为红宝石溶液。

图3.64（下） 概念首饰《内在美》（弗里德里克·布拉罕，2000）
材质为可饮用金、银、铜溶液。

## 第四节
# 材料的变革
*Section 4　The Revolution of Materials*

在传统观念中，首饰的材质大多为贵重的金属和宝石，是财富和权力的象征，而当代艺术首饰创作者质疑和反对这种材料至上的创作方法和动机。当代首饰人在首饰材料的选择上不同于传统首饰，他们尊重材料独有的特性，不刻意强调材料的贵重性，更侧重于理念的表达。首饰人大胆地选用非常规材料进行创作，使首饰材料的选择范围变得非常广泛。首饰家们创作出的独具个性的作品远远超越了所使用材料的固有价值。价值批判是当代首饰创作核心理念之一，传统首饰作为一种由贵金属和宝石制成的可穿戴财富，在任何时候都可以通过熔化而变成货币，通过被毁坏成小块或被移除宝石来变现。当代艺术首饰家拒绝将首饰当作纯货币来兑换，而是以艺术和智识的价值来取代。在材料变革的理念中有多种不同的倾向，其中最主要的有两点：一种是对传统材料的创新运用，即不再强调其本身的价值；另一种是在创作中采用全新的材料或传统首饰中极少使用的材料。

## 一、对首饰传统材料的革新

传统首饰的材料往往以惹人注目的财富形式出现，但首饰的价值大多还体现于倾注在贵重材料上的复杂、细致的劳动，这也是创作者对其极致工艺的夸耀。当代首饰创作者对贵重材料批判的反思出现在 20 世纪 50 年代和 60 年代，他们积极探索首饰的价值可以和应该在哪里，挑战将首饰的价值等同于材料价值这一传统观念。用各种材料模仿物体的技艺、耗费大量的工时来强调细腻和微妙的手感、用出乎意料的形式来使观众惊诧，这些都是旧时手工艺人追求的主要目标，也是资助人和贵族所关注的，尤其是在 16 世纪后半叶。传统首饰以贵重材料相搭配是为了突出其稀有性，是对完美的工艺和投资这件首饰可以保值的安全性的考量，与其说它的价值来自设计，不如说是来自材料本身。价值批判将首饰从限制的、专横的价值概念中释放出来。当代艺术首饰领域一直保持一种质疑的态度，这是首饰在视觉艺术中驻留的最有效的方式，有助于创作者对首饰和身体进行新的思考。一些首饰人甚至批评人们把首饰当作财富，像保险单一样一代一代地传下去这种思想。当代艺术首饰对于材料的选择以表达作品的理念为目的，不再刻意强调材料本身的价值。

当代首饰人批判以贵重材料为唯一导向的价值观，为此他们进行了大量的尝试和表达。比如，德国知名的当代首饰家卡尔·弗里茨（Karl Fritsch）就根本不在意他的首饰材料是金、银、铂金、昂贵的钻石还是原石，对他来说这些东西只是创作素材，就像画笔和颜料一样。他用平常的视角来看待贵重的材料，这种思想是首饰创作观念的一种积极的转变。

图 3.65 为卡尔·弗里茨创作的戒指，这件戒指虽然使用了很昂贵的材料，但是作品里面传达了对矿物、色彩、美的理解。他设计的首饰造型对于前几个世纪珍贵宝石的处理方法进行了嘲讽，他没有将宝石按照金银匠的传统方法处理——用精细的手法来镶嵌，而是将宝石随意地挂在基本结构上或用胶水黏合，甚至在宝石上打孔。这种处理方法是对传统精细工艺追求的否定。但正因为他具有这种独立的创作态度，所以这个戒指不会被熔化回收。这个设计本身就是艺术家个性的签名，它不会被轻易熔融做成新的东西，因为它的价值来自艺术创作理念，而不是来自材料。

图 3.65　戒指（卡尔·弗里茨，2005）
材质为氧化银、宝石。

纽约首饰艺术家帕特·弗林（Pat Flynn）仿佛是一位具有超级魔法的炼金术士。他能将普通的材料转变为有价值的令人愉悦的物品。作为一位独立首饰家，他获得了三项国家艺术基金资助，成就得到了广泛的认可。帕特·弗林的作品大胆利用贵重材料和普通材料的结合，如将锻钢、钻石、黄金和铂金相结合，来彰显材质对比的美感，超出了可预料的金工技术所达到的程度，扩大艺术首饰的表现领域。帕特·弗林用意料之外的元素和细致的工艺，创作出无与伦比的优雅首饰（图 3.66、图 3.67）。

美国著名的《金工》（Metalsmith）杂志经常介绍帕特·弗林无可挑剔的宝石镶嵌和金工天赋，他的首饰具有融合对比所产生的惊人的、激动人心的美。帕特·弗林的作品被史密森学会伦威克画廊、芝加哥和罗德岛设计艺术学院永久收藏。他的创作理念是材料存在和制作过程存在之间的二分法，即锻造的野性与优雅的金工技术并存。

图 3.66（左）　手镯（帕特·弗林）
材质为铁、22K 黄金、18K 黄金。

图 3.67（右）　胸针（帕特·弗林）
材质为铁、22K 黄金、18K 黄金、18K 钯、钻石。

同样采用廉价材料与贵重材料对比创作的首饰家还有美国首饰艺术家杰克琳·戴维森（Jaclyn Davidson），她的首饰主要采用手工锻造的铁和 18K 黄金结合，直接利用金属铸造以及锉磨、折叠、起凸和雕刻等技术制作完成。戴维森形容她独特的设计为包含朴素、典雅宝石的自然细节和手工锻造的铁与金之间惊人的对比。在她手中，她使与传统首饰几乎没有交集的廉价的铁华丽转身，变成让人惊叹的艺术首饰。她的作品使用黄金并不是为了突显其材料价值，而是为了凸出金与铁在色彩上的惊人对比（图 3.68、图 3.69）。

　　有些首饰家甚至逆流，重新开始使用传统首饰中常用的贵重材料，但是他们避开单纯性的对财富的彰显，而是用全新的设计理念革新人们对这些材料的认知。如荷兰著名的首饰家罗伯特·史密特（Robert Smit）（1982 年慕尼黑国际贸易博览会首饰展览金牌获得者）对黄金进行了革新运用，他的作品模糊了首饰和艺术的界限，看起来更像是带有生动色彩元素和诗意语境的图形。

　　20 世纪六七十年代，这位艺术家卷入了有关黄金在首饰中使用的争议。当时，这种贵重的材料在激进的荷兰当代首饰艺术中"不被接受"，许多设计师认为，黄金的使用恢复了首饰作为财富地位象征的价值。但史密特重新发展了这种材料，创造了一种新的处理方法，通过作品展示了 24K 黄金巨大的雕塑和艺术可能性。他的首饰作品类似于在黄金材料上进行绘画或素描，其造型色彩鲜艳。他对揭示光的色调和绘画特别感兴趣，在作品中重新研究了线条、节奏和艺术结构。史密特在电脑上操作这些照片，直到适合放进首饰中。对史密特来说，处理拍摄的真实图像是一个无与伦比的过程。虽然史密特主要以艺术首饰闻名，但他的作品一直以绘画为导向，甚至曾因为执着绘画而放弃首饰创作。他认为首饰或装饰品与视觉艺术有密切关系，所以最明显的事情是从绘画开始，为了做到这一点，他不得不停止设计首饰。

　　1985 年，史密特再次进入首饰界，在阿姆斯特丹的 RA 画廊（Galerie RA）举办了"人类"（*Humanum*）饰品展。他创造了以那个时代美术运动为基础的首饰，其富有诗意的作品与"荷兰学派"首饰完全不相符，后者的灵感来源于形式和几何构造艺术，并采用连续加工钢和铝的方法。史密特的首饰要么完全由黄金制成，要么由亚克力、黄金或钢铁组合而成。他早期的研究工作涉及金属表面的腐蚀，使被处理材料最终变得更加结构化，一行行的小孔加上一连串的数字和松散的单词或字母，显示出他对表面痕迹的兴趣。除了绘画，摄影也成了他的表达媒介。史密特作品的发展不是由首饰而是由美术推动的。

　　关于 1985 年引起争议的这个展览，许多人都做出了评论，因为它引发了罗伯特·史密特和赫斯·巴克之间的公开辩论，辩论的焦点是黄金和艺术完整性问题。在那个时期，黄

图 3.68（上） 项链（杰克琳·戴维森）
材质为铁、金。

图 3.69（下） 胸针（杰克琳·戴维森）
材质为铁、金。

金仍然是激进的荷兰当代首饰界不被接受的材料，尽管其他一些年轻的创作者已经开始谨慎地使用黄金。荷兰的纯粹主义者们并不欣赏史密特对黄金的特殊使用，如卷曲、褶皱、锯齿状、流动、氧化、划痕和印记，尽管这些都是用绘画精心设计的。赫斯·巴克指责史密特将首饰重新确立为一种身份象征，史密特并没有对这种评价感到吃惊，因为他坚定地认为在对节奏、线条和结构的艺术研究中发现了一条新路。史密特的一些作品展示了他如何试图打破黄金的魔咒，将它覆盖在一层层油漆之下，这表达出了他对黄金的迷恋（图3.70、图3.71）。

图 3.70（左） 胸针（罗伯特·史密特，2013）
材质为镀锡板打印，190毫米×80毫米×55毫米。

图 3.71（右） 胸针（罗伯特·史密特，1993）
材质为金、颜料、蓝漆珍珠。

　　史密特认为任何其他材料都无法与黄金相比，无论是颜色、色调，还是强度。他创作了一系列大型的吊坠，是涂有金、银和铅的小碎片组成的作品，这些小碎片散落在一片发光和划伤的黄金表面上。这些吊坠就像是二维艺术品，这说明了身体并不是史密特制作首饰的首要动机，他从来没有认为自己的首饰应该与身体相连，不管是放在桌子上、博物馆里，还是墙上。首饰可以像绘画一样放在人们的手上欣赏，戴着首饰的人和创作者有了联系，作为一个艺术家将最终失去对作品的控制。绘画和首饰彼此如此接近，史密特一直试图让它们保持平衡，因为它们都是艺术的精髓。

瑞士首饰家大卫·比兰德（David Bielander）以耐人寻味、意料之外的方式挑战首饰的极限而闻名。他非传统的观点和批评方法往往产生非常规的惊人的结果，这使他处于国际当代首饰的最前沿。他前往慕尼黑美术学院金工工作室成为奥托·昆兹利的学生，由此开启传奇般的职业生涯。比兰德的作品总是充满戏剧性，他擅长将简单的日常用品转变成杰出的艺术首饰，给佩戴者和观众带来意想不到的观感。他要么改变现有材料，要么从零开始，从不会回避那些常规的主题，如蛇、花朵、嘴唇……相反，他认为越熟悉，越有吸引力。他克服固有观念的阻力，在司空见惯的题材中发掘新的火花。2016 年国际银质三年展上的获奖作品（图 3.72、图 3.73）更加凸显了这种微妙的关系：白银做的纸袋和耶稣受难十字架，材料珍贵的一面被隐藏，价值与美丽的概念变得模糊，金属制成的瓦楞纸造型就像小孩第一次使用剪刀和订书机手工裁成了一个可穿戴的饰品。这种非常规的路线颠覆传统材料价值观的同时将其推向极端，无论设计、形式、结构还是技术都令人信服与惊叹。

　　人们的看法往往基于对熟悉事物的理解，如果在正常情况下发生了某种转变，它可能会引起理解的冲击，迫使人们以完全陌生的方式来检查对象，但它仍然是第一眼看到的东西，比兰德的作品体现了事物的多义性和模糊性。

图 3.72（左）纸袋（大卫·比兰德，2016）
材质为银。

图 3.73（右）十字架（大卫·比兰德，2016）
材质为银。

2000 年左右，在欧洲当代艺术首饰领域，抽象和概念主义大行其道，具象造型不再受欢迎，因此比兰德的作品在当时遭到怀疑和拒绝，直到人们认识到具象与概念并不抵触，才普遍理解比兰德的作品以一种无与伦比的方式拓展了首饰的范围和概念。比兰德的目标是在"化繁为简"与"抽象凝练"之间保持清晰的界限。其中，"化繁为简"意味着有些能一眼看穿，而有些在真相暴露前需要努力去感知；"抽象凝练"意味着有些转变随即发生，有些则是人们之前未接触、不可预测的全新事物。

金·布克（Kim Buck）使用的材料包括金、银、珍珠、钻石，如黄金制作的充气心形胸针，他利用传统和现代技术手工加工完成复杂的戒指、项链、吊坠等。布克采用 CAD/CAM（计算机辅助设计／计算机辅助制造）软件等新兴技术，也采用常规技术作为训练来磨炼金工。他曾表示，作为一名金匠他所受的教育是他创作一切的基础，他在一个自己既尊重也讨厌的非常传统的行业中。他最近的作品正反映了新兴技术和传统技艺对比的感觉。布克通过他的作品质疑传统的制造方法，他别出心裁地将金属进行独特的加工，甚至运用充气，让金属不再是冰冷坚硬，而具有了柔软轻盈的质感，颠覆了金属材料的表现语言，提升了金属的表现力（图 3.74、图 3.75）。

图 3.74（左）手镯（金·布克，2003）
材质为金箔（充气），14 厘米 ×14 厘米 ×3.5 厘米。

图 3.75（右）戒指（金·布克，2011）
材质为金（充气）。

当代首饰创作者对于材料的革命大多针对贵重材料，这是因为贵重材料本身所具有的社会价值属性，而理性的做法应该是对于所有的材料一视同仁，否则对于贵重材料的回避或歧视又会走向另一个不平等的极端。当代首饰创作者批判首饰"唯贵重材料是用"的观点，质疑材料彰显财富的性质，积极探索各种各样的新材料，用反传统的理念来创作作品，革新了"首饰材料必须贵重"这一限定。

## 二、新材料的创新应用

当代首饰家除了对首饰传统材料的革新外，也积极尝试使用新材料及非传统材料，如电子材料、塑料、机械零件和剪报等。独特的材料会让人感到惊讶，并颠覆人们对经典金属和宝石手感和外观的期望。新材料的创新应用这一创作理念在当代艺术首饰中得到大力发展，让当代首饰形成了独特的美学特质。

美国首饰艺术家梅兰妮·比伦克（Melanie Bilenker）2000年毕业于费城艺术大学艺术设计学院。她用头发来创作首饰（图3.76、图3.77），认为维多利亚时期的人们将头发、微型肖像画与头发色料一起锁定，用来保存过去的记忆，同样她也使用身体的部件，即自己的头发构成影像来保存自己的记忆。比伦克不是单纯的还原场景，只是要表达平凡家庭宁静的日常时光。

图3.76（左）胸针（梅兰妮·比伦克，2007）
材质为18K黄金、银、乌木、颜料、头发。

图3.77（右）吊坠（梅兰妮·比伦克，2007）
材质为18K黄金、银、乌木、颜料、头发。

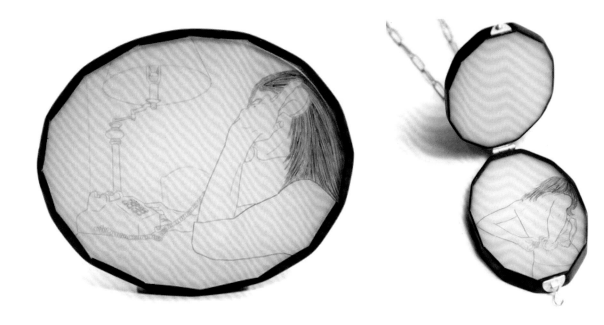

图 3.78（左）　手镯（内尔·林森，
1991）
材质为纸。

图 3.79（右）　手镯（内尔·林森，
1995）
材质为纸。

同样运用新材料来创作首饰的还有荷兰首饰艺术家内尔·林森（Nel Linssen），她 1935年出生于荷兰。她以纸作为材料、用环形作为基本造型，创造出了精美的、别具匠心的作品（图 3.78、图 3.79）。30 年来，她持续探索用不同的形状或结构形成新的构成方法，所有作品都是手工做成的，这使得她的作品在佩戴时更有吸引力。内尔·林森的作品产生于直觉和实证方法，她的灵感来自植物世界的韵律节奏和结构，她不断地试图发现其逻辑结构，然后使用纸张作为自我表达的一种手段进行创作。所有作品都是由几种形状构建，这些形体必须要切割出来再黏合在一起，之后再折叠创建形体和最终的体积，内部的结构以弹力线固定，可以自由伸缩，作品极具人文特质。纸作为一种材料，具有很多优点。纸张的触觉品质对可佩戴物很重要。

同样用纸作为创作材料的还有首饰家阿泰·翰。他用纸创作首饰就像用金属创作一样，这些作品以更快的速度成形，纸张将轻盈引进作品中，这使得他的作品转换到了一个全新的维度。

新型人造材料也是当代首饰家们实践的方向。1973 年，来自德国哈瑙的 27 岁首饰家克劳斯·布利（Claus Bury）首次访问美国。前一年，他在德国普福尔茨海姆的首饰博物馆国际首饰比赛中获得了大奖。美国作家、纽约首饰历史学家托尼·格林鲍姆（Toni Greenbaum）写道："伯里的访问被证明是一个分水岭；他在作品《景观》中创造性地使用了亚克力和金属的组合，并将首饰作为一种元素应用于雕塑和图画中（图 3.80、图 3.81）。这改变了美国首饰历史的进程，从装饰走向概念上来。"[1] 克劳斯·布利 1973 年在美国几所大学的金属部门中发表了演讲。他在作品《陆地景观》中创造性地使用了丙烯酸树脂和金属，并将首饰作为雕塑或图表的一个元素加以应用，这改变了美国首饰历史的进程——从装饰性走向概念性。他不仅向美国首饰界介绍了一种新的视觉美学，还传播了一种新的严谨的工作态度。

1　Turner, Ralph, *Jewelry in Europe and America: new times, new thinking* (London: Thames & Hudson, 1996), p.14.

　　亚当·帕克森（Adam Paxon）也是运用新材料创作的著名首饰家，他出生于 1972 年，
是年度 Jerwood 大奖（英国首饰艺术最高奖项）的获得者。他的作品用得最多的也是亚克力
材料，混合着帕克森自己的色彩感、具有一种独特的艺术品位。他一直在探讨将一种材料的
固有价值通过工艺的手段进行转换，通过他的创造，亚克力的价值实现了几何倍数的提升。
他追求光鲜亮丽的艺术效果，在创造中不断地探索反射和透明的无限可能。在帕克森的手
上，这种基础材料被转化成果冻状、半透明的异质形态，色彩、光线、透明、反射等，所有
的美都集中在一件小小的首饰上（图 3.82、图 3.83）。

　　帕克森从小在河边长大，这种"湿漉漉样子"的材料与他童年时代在浅滩划桨的记忆联
系在一起。他作品异样的生命形态可能是由童年快乐的日子启发的，这些生物仿佛来自一个
完全不同的星球。

劳伦·替柯（Lauren Tickle）是纽约首饰艺术家，拥有普拉特学院的美术学士学位和罗得岛设计学院的珠宝和金属工艺硕士学位。她的作品一直在美国和海外展出并备受好评，被其国内和国际私人收藏，同时被阿珀尔多伦的考达博物馆、荷兰和新泽西纽瓦克的纽瓦克博物馆永久收藏。她用各种媒介进行创作，对社会建构进行反思。她的作品《增值》采用定义价值的货币（纸币）来制作，她将纸币提炼为图形元素，然后重新合成一个具有更大价值的作品（图3.84、图3.85）。替柯的作品是在价值概念和装饰之间的实验。价值的探索过程需要定义价值的货币，如何以及为什么这些货币会远离它们的面值？是因为观念、概念、创作过程，抑或手工劳动创造了价值。这件全新作品的创作过程是完成工业生产的缩影吗？或是拙劣地模仿？替柯强迫佩戴者和观赏者反思我们社会中的装饰概念。人类最自觉的行为之一是自己决定佩戴什么或不佩戴什么，替柯的作品以底层的唯物主义为基础，在艺术创作背景下，对价值转换进行评价。

张彼得（Peter Chang）是当今英国最著名的首饰艺术家之一，他13岁时便开始进入利物浦艺术中学学习，随后在利物浦大学艺术学院完成了平面设计和雕塑系的学习，毕业后在巴黎版画家斯坦利·威廉·海特（Stanley William Hayter）手下工作。他致力于有机形态作品的创作，提倡艺术性在首饰形式中的展现。张彼得擅长处理特定的材料——塑料（主要是丙烯酸树脂），他不将塑料视为大规模生产的最常见的材料，而将其看作一种极其需要被精心对待的、具有非凡品质的珍贵材料。张彼得的作品极其注重细节和明艳的色彩，其通常体量惊人、明亮精致（图3.86、图3.87）。他的作品可以是雕塑，也可以是可佩戴的首饰，每个人对它们会有不同的回应。如果我们说首饰作品是可穿戴的艺术，这个概念最适合用来称

图3.84（左）吊坠《增值》（劳伦·替柯，2013）
材质为旧版10美元钞票。

图3.85（右）胸针《增值》（劳伦·替柯，2012）
材质为美元、银、单丝和钢。

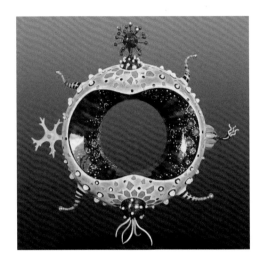

图 3.86（左） 手镯（张彼得）
材质为丙烯酸树脂。

图 3.87（右） 手镯（张彼得，1991）
材质为丙烯酸树脂。

赞张彼得的作品。张彼得重新审视自己运用的基础材料——这些适应性极强的塑料，经过长时间的创作，他的作品最终具有了柔软、轻盈的特质，他无疑是目前唯一专注于此材料创作的首饰艺术家。张彼得的作品屡屡获奖，并被全球许多重要博物馆收藏。他使用的材料和自身的想法密不可分，塑料是我们所生活的时代具有代表性的材料。他精雕细琢的作品中也包含着他非凡的色彩品位，这些色彩的组合运用让人眼前一亮，事实上他作品的形式是怪异和充满异国情调的，暴露了其内在品质——性感，这是最具诱惑力的首饰。张彼得从不太可能成为首饰的材料中探索，创作出大量奇异瑰丽、无与伦比的首饰作品。

　　劳拉·霍（Nora Fok）是欧洲当代首饰界的领军人物，她专注于尼龙材料 30 多年，擅长用编织、钩织、结绳的方式将尼龙微丝打造成不可思议的首饰和配饰。劳拉·霍出生于中国香港，1978 年移居英国，是一位用独特的方式表达自己想法的艺术家，她有一种独特的能力可以将想法转变为令人愉快的、微妙且复杂的创作。劳拉·霍不使用机械设备，只使用一些最基本的工具，其所有作品都是由手工制作完成的。劳拉·霍对周围的世界很感兴趣，她着迷于大自然的不同方面，在作品中表现大自然的结构、系统、秩序、神秘和魔幻。这些作品往往相当复杂，需要数个小时、几天或几周来创作。她喜欢用自己的方式将很普通的事物呈现出引人注意的特别面貌，她的方法不是系统的，而是将直觉的发现和她个人的技术相结合（图 3.88、图 3.89）。

　　美国当代首饰艺术家唐纳德·弗里德里希（Donald Friedlich）则偏爱用玻璃来创作。他的首饰被伦敦维多利亚和阿尔伯特博物馆、美国史密森艺术博物馆、波士顿美术博物馆、康

图 3.88（左）项饰（劳拉·霍）
材质为尼龙单丝。

图 3.89（右）项饰（劳拉·霍）
材质为尼龙单丝。

宁玻璃博物馆、休斯敦美术博物馆、洛杉矶艺术博物馆、德国普福尔茨海姆的首饰博物馆等永久收藏。他同时担任北美金匠协会（the Society of North American Goldsmiths）主席和《金工杂志》（*Metalsmith Magazine*）编辑顾问委员会委员。图 3.90、图 3.91 所示的首饰作品同时结合了金工和玻璃两种工艺，探索了新材料在首饰中的应用，营造了宁静、肃穆、细腻、简约的独特美感。清澈的玻璃材质拓展了首饰的视觉特性，如冰霜状般的质地展现了微妙的色彩变化。

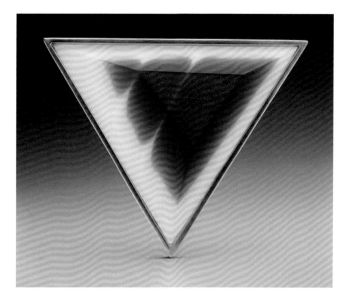
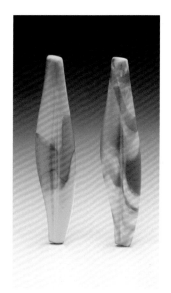

图 3.90（左）胸针（唐纳德·弗里德里希）
材质为玻璃。

图 3.91（右）胸针（唐纳德·弗里德里希）
材质为玻璃。

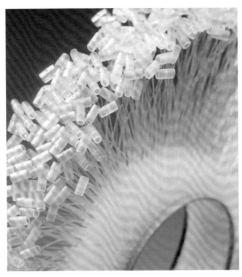

图 3.92（左） 胸针（无价）（克里斯
特·范德兰，2004）
材质为聚丙烯塑料、黄金。

图 3.93（右） 胸针（无价：局部）
（克里斯特·范德兰，2004）
材质为聚丙烯塑料、黄金。

　　首饰艺术家克里斯特·范德兰（Christel van der Laan）的"无价"作品系列将寻常的物品转变成迷人的宝石般作品。她将塑料聚丙烯商品价格标签与原先的用途完全分离，从而创造让人玩味的微妙的光、密度、肌理之美（图 3.92、图 3.93）。这样独特的处理方法产生了迷人的、出人意料的效果。范德兰用奇异的、美丽的作品来促使人们发笑、去思考什么才是更珍贵的。

　　范德兰甚至用蜂窝陶瓷块来创作。蜂窝陶瓷块以热焊接过程中散热而著称，而不是作为一件首饰的珍贵元素。纯洁、白色的孔洞一直让她深深地着迷，这种材料呈现出非凡的美感和无穷的可能性，带有一种温和的幽默或讽刺。对首饰关于贵重的概念探索在范德兰的作品中是一个永恒的主题。

　　循环材料一直以来也为当代艺术首饰创作者所关注，用此材料进行创作表达是受现当代艺术观念和环境保护思想的影响，尤其是来自达达主义与波普艺术的影响。这一理念最初可以追溯到法国艺术家杜尚开创的"现成艺术"理论，在劳申伯格、安迪·沃霍尔等波普艺术家的推动下得到了进一步的发展。"新英国雕塑派"代表艺术家托尼·克雷格、大卫·马奇等以橡胶轮胎、塑料瓶、旧洗衣机等作为雕塑创作的材料，通过赋予这些循环物全新的含义，将垃圾转化为意蕴独具的艺术品。他们使用回收材料、可持续材料、垃圾材料，俗称垃圾派。这种化腐朽为神奇的创作方法给了当代首饰创作者极大的启发，他们用这种创作理念进行实践，又衍生出了两个派系，一种被称为"再生派"，通过对旧废弃物进行再生加工，用加工后的材料创造新用途、新形式的物品；另一种为"现成利用"，其特点是寻取生活中常见的废弃物品，通过现成物品的嫁接，实现功能转换、意义更新。

　　循环材料在当代首饰艺术家弗朗西斯·威勒姆斯蒂金（Francis Willemstijn）的作品中发挥着关键作用。她的作品选取现成的材料，强调作品的"珍贵"不在于使用材料的自身价值，而是它们拥有的岁月痕迹（图3.94、图3.95）。威勒姆斯蒂金认为循环材料对她来说是非常宝贵的，它比钻石更具有历史价值。她以首饰创作讲述故事，使用过的材料是她灵感的直接来源。其首饰大部分是从历史图像中衍生出来的，用这些影像解释当代的环境，作为对大批量工业生产的回应。在她眼中，一片美丽的、破旧的、消耗殆尽的木头都是无比珍贵的，她用时间和创意赋予廉价的材料以价值，创作出独特的、不可复制的作品。

维丽娜·西伯－福克斯（Verena Sieber-Fuchs）能够在首饰设计中充分发掘回收循环物的魅力。她运用各种不同的回收材料，如纸、铝箔、洋葱皮、糖果、医用胶囊等，在剪裁、撕碎、穿孔、燃烧等粗暴处理之后，将它们用一根细钢丝小心编织起来，通过大量材料的聚集，创造出一种具有繁复、丰富和柔软毛发的质地（图3.96、图3.97），她的项圈、项链可以灵活地悬挂在身体上。正如炼金术士能够转变材质一样，西伯－福克斯的作品绝不只是为了审美愉悦，与之相反，艺术家个人的关注与诉求在作品标题中被微妙地展现出来。这些物体通常是令人惊叹的装饰体，但它们通常指向一些社会问题，比如她曾用医疗包装创作项圈，就是对我们现代过度使用药丸的一种批判。

瑞士首饰家伯恩哈德·肖宾格毕业于苏黎世应用艺术学院，自1968年起开始独立创作，获得了国际上的广泛认可。他钟爱那些来自垃圾堆却蕴藏着不为人知故事的材料，随心所欲地将廉价材料和贵重材质结合。挑选废弃物时特别留意特殊纹理、形状或颜色，随后施展"魔法"，为它们带来新的生命力。他的项链《瓶颈》有不同的版本（图3.98、图3.99）。早在1988年，他就制作过一款类似的项链，由一根红色棉线串联着他在垃圾堆中捡来的12块瓶子碎片。这不是一项寻常的对人友好的创意，他选择用玻璃碎片来装饰颈部更像是一种危险行为，选择佩戴这款项链就是对传统的宣战。

肖宾格是1998年弗朗索瓦·范德博世奖（the Francoise van der Bosch Award）的获得者，他的作品被广泛传播，包括伦敦V&A博物馆、波士顿美术博物馆、休斯敦美术博物馆、费城美术馆、澳大利亚堪培拉国家博物馆、墨尔本维多利亚国家画廊、阿姆斯特丹市立博物馆、巴黎卢浮宫、洛桑Mudac博物馆、苏黎世美术馆博物馆、苏黎世性博物馆和科赫收藏等公共机构收藏。肖宾格就像一位反叛者、变革者和个人主义者，通过作品来表达自己对西方社会和生活垃圾的独特观点。

雅娜·西瓦诺贾（Janna Syvanoja）的首饰也是运用回收材料创作而成的。她用回收的印刷过的纸张来创作雕塑形态的首饰，对于选用这种材料的创作理念，西瓦诺贾有自己的表达。印刷过的纸张包含着信息，带有额外的内容。在首饰中，人们仅仅会看到随机分布的字母和单词，已经转化为作品表面的图形。之前印刷的内容指的是人与人之间的交流信息，

图 3.94（左）胸针（弗朗西斯·威勒姆斯蒂金，2004）
材质为银、木。

图 3.95（右）项链（弗朗西斯·威勒姆斯蒂金，2010）
材质为玛瑙、铁、木材、纸张、植物、纺织品。

图 3.96（左）项圈（维丽娜·西伯-福克斯，2007）
材质为铝箔，50 厘米 ×50 厘米 ×28 厘米。

图 3.97（右）项圈（维丽娜·西伯-福克斯，2012）
材质为洋葱皮，47 厘米 ×47 厘米 × 15 厘米。

图 3.98（左）项链《瓶颈》（伯恩哈德·肖宾格，1988）
材质为玻璃、绳索，直径约 32 厘米。

图 3.99（右）项链（伯恩哈德·肖宾格）
材质为现成物锯片、漆。

现在则是为了同样的目的而佩戴的首饰。她用再生纸制作首饰是一个缓慢的、"自然"的过程，通过弯曲每片串联在钢丝上的纸形成一个自发"长成"的造型。创作可以制定规则，但作品会呈现出自己的形状，当某些成形的组成部分开始相互跟随，在制作者手中找到自己节奏时，奇迹就发生了。这是一个缓慢的、很自然的过程。西瓦诺贾用印刷过的地图、图册、字典等来表现丰富的过去，她的作品携带某些偶然的意义。纸张的原始材料——木材，其性质会让人联想到整个有机世界，纸张在人的手中不断变化，并在时间中演变。这类材料也给作品以独特的外观和内在，人们通过它仿佛能看见木头、石头、骨头、羽毛、毛皮、田野和天鹅绒。从她的作品中，人们可以感受到这些回收物自身所具有的信息，以及她对物品做出有目的性的转化，这些作品独特的流线型的外观和内在，以抽象的形态引起观者的无穷联想（图 3.100、图 3.101）。

新西兰首饰艺术家朱莉娅·德维尔（Julia de Ville）则有着比他人更深刻的感悟，她独辟蹊径地选择用金、银等金属材料配合木头、煤玉甚至动物标本来阐释自然界中的死亡这个颇具争议的主题。她将源于维多利亚式哀悼风格等的灵感融入自己的艺术作品，发展出一个集首饰、标本和皮毛艺术于一体的独立品牌 DISCE MORI（拉丁文"理解死亡"之意）。朱莉娅·德维尔在用银质的修长鸟爪或是形态逼真的濒死小兽隐喻轮回或表现死亡的归宿，而那些置于首饰上的标本则是对美的挽留和对永生的雀跃。朱莉娅·德维尔惊世骇俗地将动物标本作为首饰的材料，虽然作品浸透着阴森的华丽，但却没有丝毫的邪恶，它意欲唤醒我们沉溺于未来的心，去感受真实世界的美好（图 3.102、图 3.103）。

图 3.100（左） 项链（雅娜·西瓦诺贾，2010）
材质为再生纸、钢丝，18 厘米 ×10 厘米，直径 22 厘米。

图 3.101（右） 胸针（雅娜·西瓦诺贾，2011）
材料为再生纸，26 厘米 ×21 厘米 ×7 厘米。

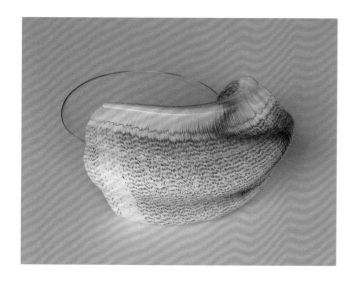

图 3.102（左） 胸针（朱莉娅·德维尔）
材质为斑鸠头骨、纯银、钻石。

图 3.103（右） 胸针（朱莉娅·德维尔）
材质为老鼠标本、9K 黄金、惠特比煤玉、钻石。

  当代艺术首饰对材料的观念与传统的首饰有着本质的区别，当代首饰人通过对首饰传统材料的革新，不再将材料是否贵重作为选用的唯一标准，而是以作品的创作意图来确定材料。除了贵金属、非贵金属及各种各样的宝石外，创作者还可以从首饰的历史和文化中汲取材料。随着时代的发展，出现了各种各样的新材料，这类新型材料的应用大大地扩展了首饰材料的范围，让首饰出现了新的独特面貌。由于对环境保护的重视，循环材料也得到了当代首饰创作者的关注，他们积极选用循环材料创作作品，以倡导对环境的保护、对可持续材料的呼吁。

  当代艺术首饰理念对传统的材料价值观提出了质疑，反对材料至上，而是用普世的价值理念来指导创作，甚至用最平常的材料来挑战首饰作为财富属性的表达。

## 第五节
# 首饰与身体关系的探讨

Section 5    Discussion on the Relationship
between Jewelry and Body

法国存在主义学者西蒙娜·德波伏娃
（Simone de Beauvoir）曾说过："身体是我们
掌握世界的工具。"自人类文明诞生以来，
身体就一直是视觉艺术的中心元素，作为
人类身份的隐喻出现，在当代艺术首饰领
域也不例外。

## 一、身体首饰

首饰佩戴在人体上，身体长期以来作为首饰的基座使用，但是首饰发展到当代，身体的
功能被一再扩展——身体可以直接用来表现首饰，也可以用来探讨与之的各种关系。身体器
官、人体组织、与人体的关联都是当代首饰的探讨方向，首饰家们采用身体表达的观念，用
与身体相关的要素来创作首饰，其中代表艺术家有布鲁诺·马蒂纳斯（Bruno Martinazzi）、
格德·罗特曼（Gerd Rothmann）、希拉·卡米纳（Hila Kaminer）、娜娜·梅兰（Nanna
Melland）、卡佳·普林斯（Katja Prinss）、希瑟·怀特（Heather White）等。

意大利首饰家布鲁诺·马蒂纳斯的作品一直探索身体局部的内在象征意义——尤其是
手指、嘴唇、眼睛、胸部和臀部经常出现在他的首饰创作中。马蒂纳斯1923年出生于意大
利都灵，1953年至佛罗伦萨学习浮雕、镂刻、珐琅工艺。在1955年的都灵首次个展之后，
他的作品迅速得到国内和国际的赞誉。马蒂纳斯既是首饰家又是雕塑家，他的首饰或许作为
微型雕塑能更很好地被理解。20世纪60年代后期，马蒂纳斯开始探索存在主义，减少碎片
化的现实表达，转而感知普通的、绝对的人体外形来创作作品。比如在马蒂纳斯的作品中，
嘴唇意味着讲述、词汇、神话、歌曲和爱。他的作品蕴含多层的意义，强调自然哲学和首饰
制作。作为一位真正的工艺大师，他将创作概念置入身体的外形，再赋予身体的外形以意义
（图3.104、图3.105）。

马蒂纳斯开发了一种个人的视觉语言，将人的身体和精神置于首饰创作的中心，他的
作品大胆地渲染人体的特定部位，传达复杂的含义。他的首饰让人回忆起古典雕塑中的拘束
感，同时捕捉了人的活力和张力。

格德·罗斯曼也是一位用人体理念进行创作的首饰家。他1941年出生于德国法兰克福，
他的职业生涯是从工匠开始的，16岁时作为学徒学习工具制作，4年后开始金银器加工与制
作，同年到德国哈瑙系统学习首饰加工制作，并在毕业后正式进入首饰行业。从1976年起，
罗斯曼逐渐开始了与人体铸件有关的创作尝试，并使之与其热爱的艺术首饰逐步融合。他把

人体铸件的方法引入首饰领域，在作品中体现其对于身体与情感的关注，以一种全新的设计理念重新定义了看似平常的事物（图 3.106、图 3.107）。

罗斯曼提取佩戴者身体的一部分制作蜡质印模，并将其铸造成复制的黄金身体部件，然后再将这些部件制成首饰。这些首饰作品表面是由佩戴者自己的皮肤肌理形成的图案，手的指纹出现在黄金表面，强化了触觉等感官和人体的形象，从而让作品与佩戴者建立了直接的联系。因为独特的首饰设计理念和成功的首饰作品，从 1981 年开始，罗斯曼先后在包括英国伦敦皇家艺术学院在内的奥地利、美国、德国、英国等国知名艺术院校任教，他将独特的

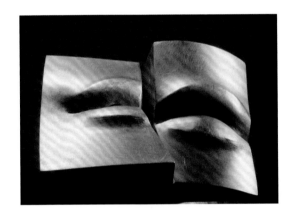

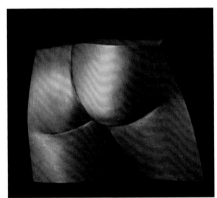

图 3.104（左） 胸针（耳语）（布鲁诺·马丁纳齐）
材质为铂金、20K 黄金、18K 黄金。

图 3.105（右） 雕塑（运动员）（布鲁诺·马丁纳齐）
材质为金。

图 3.106（左） 脐饰（格德·罗特曼，1981）
材质为锡。

图 3.107（右） 鼻饰（格德·罗特曼，1984）
材质为金。

设计理念和艺术思想传播到多个国家并为人们所接受。罗斯曼是当代艺术首饰领域当之无愧的重要一员，他的作品被世界各地多座主流博物馆永久收藏。

希拉·卡米纳（Hila Kaminer）出生于以色列，毕业于申卡尔工程设计学院，是一位首饰设计师兼"卡米纳设计"的创立人。人体是希拉·卡米纳创作灵感的来源，她认为外形虽然可以将人们区分开来，但是身体内部的结构是相似的，本质是相通的，可以将人类联系起来。因此她探索人类身体的内部结构，并根据其进行创作。

她的作品表现本质的物质，人性的基础，人类的身体及其独特的结构。其创作的过程结合了古典工艺和当代工艺，如真空成型、犀牛设计程序、激光切割和燃烧等，材料为PVC、羊驼呢、织物、报纸、插头、铜和锆钻等。她的首饰作品通过精细微妙的材料体现自然的触感，并结合经典的工艺与先进的技术，创造了有机感与机械感并存的造型（图3.108、图3.109）。其主要特点是形式和元素的结合，她选择合适的材料，融合多样的纹理和光影之间的独特美感。

南纳·梅兰（Nanna Melland）出生于挪威的奥斯陆，师从奥托·昆兹利教授。南纳的

图 3.108（左） 项链（希拉·卡米纳）材质为 PVC、黄铜和氧化锆水钻。

图 3.109（右） 项链（希拉·卡米纳）材质为 PVC、黄铜和氧化锆水钻。

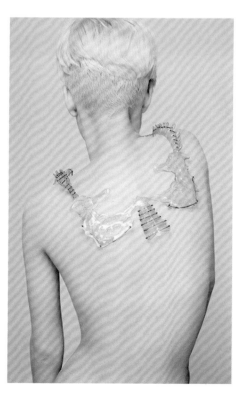

作品也与身体有密切的关联，她在 21 世纪初创作的作品《颓废》（*Decadence*）（图 3.110）是将收集到的手指甲和脚趾甲用黄金浇铸复制，再用一根红色的细绳串成的漂亮项链，作品看上去华丽、细致。这是南纳 20 世纪 70 年代回收"臭名昭著"的材料过程的一部分，她让身体组织变成首饰，又再次回到身体上。在对身体组织的迷恋和厌恶之间，她尝试着挑战美的概念，并质疑其与身体的关系。南纳将当代首饰定义为橱柜里的盒子，人们通常认为盒子就是盒子，首饰就是首饰，但是今非昔比，许多艺术家用各种不同的方式进行创作，已不再局限于曾经的首饰概念。创作者所生活的时代也充满了时尚趋势，每一个个体无意中成为这个趋势的一部分。人们应该给当代首饰分类，虽然现在看上去有些混乱，但是在混乱中逐渐建立起来的秩序会带来清晰。当代首饰如果更有组织性，会有利于被更多人看到，而不仅仅只是少数的名人或者那些我们所谓的当代首饰的创作者。

南纳的作品项链《687 Years》（图 3.111）由数百个使用过的避孕工具——宫内节育器（iud）组成，她把人类身体的内部作为人类处境、行为、愿望和欲望的象征和隐喻，用来探讨首饰和身体的深层次关系。

图 3.110（左）项链（南纳·梅兰，2001—2006）
材质为金、手指甲和脚趾甲浇铸。

图 3.111（右）项链《687 Years》（南纳·梅兰，2006—2008）
材质为宫内节育器（铁、铜）。

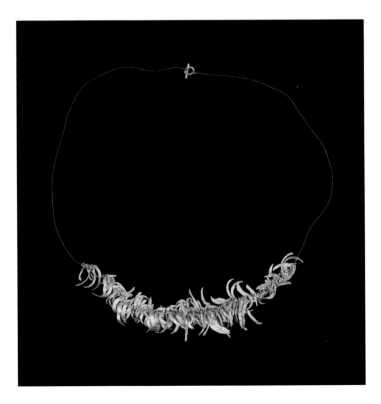

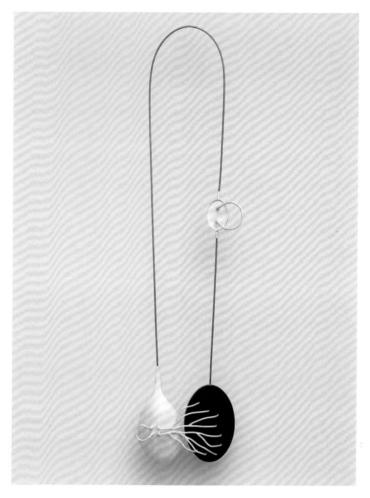

图 3.112（左） 胸针（连接）（卡佳·普林斯，2009）
材质为银、红珊瑚，40 毫米 ×114 毫米 ×4 毫米。

图 3.113（右） 项链（内在行动）（卡佳·普林斯，2011）
材质为银、重建红珊瑚、钢，55 厘米 ×10 厘米 ×2 厘米。

  卡佳·普林斯（Katja Prins）的作品是关于人的身体、机械装置、（医学）技术和工业之间的隐秘关系。她用作品去讲述关于身体的故事，身体就像一个机械的工具，或是一个扩展我们范围的机器。卡佳·普林斯还着迷于操纵身体的方式，身体也成了可以被改造、雕塑的东西，身体是思想的延伸，总是处于周围的环境和外界之间的关系之中，总之，人本身成了衡量所有事物的标准。她总是从灵感开始，创作时将灵感一点点地变为真实存在之物，她的作品就是在机械原理与直觉之间不停地转换。普林斯希望人们能从其作品中发现他们自己的故事，所以她避免太多的解释。形态和材料是真实可见的，任何人都能从不同的角度解释她的首饰作品。卡佳·普林斯的创作理念是将人体器官或组织的有机形态概括抽象成工业机器的造型，以此来质疑大工业时代，同时歌颂生命体的伟大和神圣。

  首饰家卡佳·普林斯的胸针（图 3.112、图 3.113）表现了她对人体和机器之间相互联系的兴趣，体现为更抽象、更现代的风格，她认为生命的每一个有机体都是一种神圣的机器，无限超越所有人工机器。

美国首饰家希瑟·怀特（Heather White）的"植物小说"系列作品为可穿戴的小花束胸针、藤蔓状项链和小别针。她模仿人体器官的造型如肚脐、眼睛、嘴唇、手指和牙齿等进行创作，如图 3.114、图 3.115 所示的作品分别是模仿手指和牙齿造型制成的。一旦这些熟悉的身体部位造型成为创作的素材，重新组合并放置在身体上构成作品，这些作品的形式是优美的、幽默的，因为它们叙述了原始的感性。身体部位造型作为装饰进行使用有着悠久的历史，它曾存在于哀悼首饰中。作者通过对重复、碎片化和色彩的运用，使这些作品在创造叙事格式塔的同时，拥抱了美丽和情感。

图 3.114（左） 胸针《"植物小说"：蓝铃》（希瑟·怀特）
材质为纯银、蓝色粉末颜料，8 毫米 ×4 毫米 ×34 毫米。

图 3.115（右） 胸针《"植物小说"：菊花》（希瑟·怀特）
材质为铸造聚氨酯、纯银、镍银、颜料，每件作品尺寸为 3 英寸 ×3 英寸 × 1/2 英寸。

传统首饰是身体的装饰物，身体更多的是作为基座来展示，当代艺术首饰更多回到了对人自身的关注，人体本身就可以作为首饰，不论是直接用身体的器官还是组织，抑或是对身体造型的模仿，都可以成为当代艺术首饰的主题。

## 二、可穿戴概念的首饰

物体和佩戴者之间的这种亲密关系是首饰独有的特征，它将佩戴者与复杂的、不受约束的概念和命题联系起来。可穿戴概念的首饰其创作原则是在尊重首饰实用功能的前提下所进行的，这种创作理念的提出是对传统首饰概念范围的扩展，用这种理念进行创作的代表人物有弗洛拉·布克（Flora Book）、阿琳·费什（Arline Fisch）等。

弗洛拉·布克是美国当代艺术首饰重要的倡导者之一，她的作品因外形极为简单且工

艺异常复杂而闻名。弗洛拉·布克起初作为一名画家，从 10 岁开始学习编织，精通编织工艺，受这种工艺的启发，她把银融入其中。她从 20 世纪 70 年代开始制作首饰，其作品由银管和尼龙丝构成，呈现出流动性。由此种方法制作的作品可轻盈运动，像柔软的衣服一样，通过交替的悬垂来改变其特性，可轻轻地掠过起支撑作用的人体（图 3.116、图 3.117）。

布克让首饰变得灵活，这种灵活既指材料的物理性质，也指概念和设计本身，它允许佩戴者与作品进行交互。她试着将坚硬的材料——银和玻璃，用有弹性的尼龙编织起来，并在其中增加了一种柔软的材料（如羊毛），扩大了材料的范围，创造出纺织类首饰。布克的作品可以被看作是移动人体的特定场所装置，其中一些受到古斯塔夫·克里姆特（Gustav Klimt）画作的启发，其闪烁的色彩就和这类画作给人的印象相似。布克的作品跨越了服装和首饰之间的界限，同时包含移动光影中的身体。她的首饰被公认为美国艺术首饰的重要代表之一，被广泛地收藏于众多公共机构。弗洛拉·布克前卫的作品挑战了传统首饰的体量及佩戴方式，她用类似服装的大型首饰来探索首饰概念的更多可能性，促使人们对于首饰更多创新的思考。

另一位以可穿戴理念创作的著名首饰家是阿琳·费什，她主要运用金和银来创造错综复杂的图案，使首饰既精致又华丽。费什开创性地使用贵金属和非贵金属结合的编织技术，将冰冷、坚硬的金属转变成柔软的、轻盈的、像布一样的结构，这些结构能够很容易且舒适地适合人体的形状，既柔软又温暖（图 3.118、图 3.119）。

古代文化为阿琳·费什提供了灵感和技术知识，这两方面都在她迷人的作品中得到了充分的体现。阿琳·费什像处理布一样处理黄金——折叠和起皱，并灵巧地将金属编织成各种想要的形态，这些形态赋予了作品非凡的亲和力，使其能够根据人体的轮廓和运动塑造自己的形状。费什对人体的关注使她始终以人的尺度进行创作，而不像大多数首饰创作者那样用小尺寸。她的许多作品甚至超越了身体的尺度：比人体更大的首饰（衣服）可以作为穿戴者、身体和衣服的戏剧性延伸。她创作的衣领或胸甲可以像保护性的盔甲一样佩戴在身体上，其他的作品则像有生命的附属物一样在身体上蜿蜒或突出。翅膀一样的形式经常出现在费什的作品中，给人以战争和自由的联想。

美国首饰艺术家朗娜·凯勒（Lonna Keller）1998 年毕业于美国爱荷华大学（The University of Iowa）金工专业，获艺术硕士学位，她屡获首饰和身体装饰方面的殊荣。她的作品展于美国的各大博物馆和海外画廊，并收藏在美国华盛顿国家艺术博物馆的史密森学会的伦威克画廊，也被私人收藏家收藏。凯勒的作品也是可穿戴首饰的代表，尽管其受到高级女装等时装的影响，但通过选择日常材料并以意想不到的方式结合她呈现了普通物体

图 3.116（上） 可穿戴首饰（弗洛拉·布克，1986）
材质为银。

图 3.117（下） 针织围巾（弗洛拉·布克，2002）
材质为银。

图 3.118　项圈（阿琳·费什，1975）
材质为纯银、针织、18K 黄金。

图 3.119　可穿戴首饰（阿琳·费什）
材质为纯银。

创作的可能性。

凯勒的作品兼具服装和首饰的双重特征，其比一般的首饰形制要大很多，它的比例更接近服装，但和服装又有明显的不同，它是由金属的链环和小部件构成的，不具备衣服的遮蔽功能，更多的是营造出一种虚拟的服装意象（图 3.120、图 3.121）。然而，这类作品被认为是可以佩戴的艺术，因此在与身体直接接触方面，它比其他艺术媒介都更具优势，因为它具有独特的、迷人的亲密感。

上述这些可穿戴的作品很好地体现了首饰作为一种艺术形式，可以实现佩戴物的功能，重要的区别是这种首饰不一定被使用。它通常不用传统的"佩戴"法来表现，而是用与绘画或雕塑相同的方法来表现。它如何佩戴需要由制造者和佩戴者进行一系列的审美判断。这类作品会唤起一些超越作品所采用的结构感觉，如戒指、臂镯、别针或是一种独特的形式，作品中的能量，无论简单、复杂、安静或嘈杂，都必须体现出超越纯粹装饰的品质。这类可穿戴概念的首饰反映了创作者有意识地与身体的限制和要求做斗争，强调首饰在与人体直接接触方面比其他艺术形式有着更为独特的优势，实现对人自身本质的追问。

## 三、佩戴方式的革命

传统的首饰佩戴方式相对固定，大多体现在身体的一些特定部位，如手部、颈部、头部等，一些少数民族拥有相对独特的佩戴方式，如印度女性将某些首饰佩戴在鼻子（鼻翼）上、非洲某些部落居民在各种身体部位上穿刺佩戴首饰等。当代首饰的创作者则不满足于现状，他们用打破常规方式的理念积极对首饰的佩戴方式进行拓展，用此理念来创作的著名首饰家有布尔库·比丘纳尔（Burcu Büyükünal）、安妮卡·斯穆洛维茨（Anika Smulovitz）、杰西·马蒂斯（Jesse Mathes）、鲍里斯·巴里（Boris Bally）、格德·罗斯曼（Gerd Rothmann）等。

布尔库·比丘纳尔于 2006 年获得富布赖特（Fulbright）奖，并到美国新帕尔茨的纽约州立大学学习首饰金工，并于 2009 年研究生学业完成后回到土耳其。自 2005 年起，她的作品频频参加土耳其及海外的展览。目前，比丘纳尔是一名兼职教师，并在伊斯坦布尔技术大学攻读艺术史博士，同时也成立了自己的工作室，致力于丰富土耳其当代首饰的概念。

《可怕的美丽》（图 3.122）是比丘纳尔以整形手术为灵感创作的系列首饰。整容手术现已成为大众文化的一部分，比丘纳尔设想了四种面部装饰来回应这一趋势。她用"扭曲脸部"这一特立独行的首饰来挑战传统的美容和身体装饰观念。这一系列从整容手术的趋势出发，质疑传统的美容观念，同时也审视了首饰作为一种装饰形式所带来的挑战。这组夸张的

图 3.120（上）身体装饰（朗娜·凯勒）
材质为 925 银、纯银、赤铁矿，36 英寸 ×16 英寸。

图 3.121（下）身体装饰（朗娜·凯勒）
材质为纯银，60 英寸 ×16 英寸。

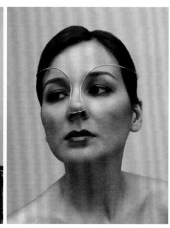

首饰让人联想到古代中东的文化。另外，它标志着一种全新时尚潮流的开始。这组首饰的佩戴方式非常独特，它会直接穿越脸部，把人的皮肤提升或牵拉到奇怪的位置。这种另类的佩戴方式会扭曲脸型，就像一次免费的临时整容手术。但现实整容手术的修正最终可能会产生相反的效果，在整形恢复期结束时，脸部可能会肿胀，有时结果还非常奇怪。比丘纳尔的系列首饰作品挑战了身体装饰的典型方法。因此，不必经历整容手术，人们就可以尝试新的面部复杂形态变换所带来的美丽。她的作品灵感来自对当代美的感知，她想质疑与身体有关的习俗和社会规范。她提出一些极端的、不寻常的、不合理的建议，希望自己的作品能给人们带来惊喜，激发人们的思考。

图 3.122　面饰《可怕的美丽系列》（布尔库·比丘纳尔）材质为金。

　　首饰艺术家安妮卡·斯穆洛维茨是博伊西州立大学艺术系教授，曾为北美金匠协会董事会成员，其作品曾在众多国际展览中展出，并被多种出版物收录。她毕业于威斯康星麦迪逊大学，获美术硕士学位和文科硕士学位。斯穆洛维茨兼具学术和艺术的作品借鉴了金属、首饰领域的丰富的历史。她的作品直面权力、美、宗教、文化价值的概念，同时洞见材料文化与当代社会之间的关联。她目前的研究主要集中于材料的非中立性，以及身体和装饰的问题，其作品被纽约犹太博物馆永久收藏。

　　斯穆洛维茨的作品"唇线"（图 3.123）是定制的嘴唇装饰物，它可以很舒适地放置在嘴里。佩戴者可以说话，能执行除了吃之外的所有正常任务。这种创新的装饰形式会为佩戴者带来独特的感官体验。当多个"唇线"被安置在一个画廊的墙壁上时，设定其为最小的、具有挑衅性的空间中的画线，标示着身体是被创造的。嘴唇是我们沟通交流的重要组成部分，它具有表现微笑和悲伤的能力，能帮助我们形成文字和声音，也是我们的身体器官中最明显

图 3.123　唇线（安妮卡·斯穆洛维茨，2003）
材质为纯银。

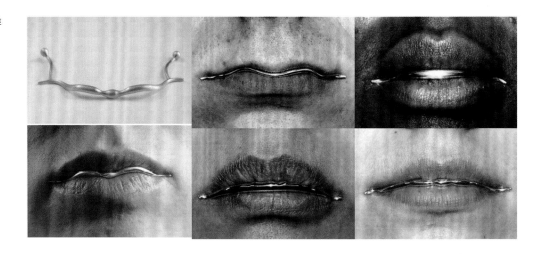

的孔洞，它使我们从外表过渡到内在。人类的嘴唇是迷人的，它在放松的状态下所创造的造型线是独一无二的，就像是个人的指纹，具有敏捷、灵活和感性的力量。该作品作为佩戴在唇间的首饰，挑战了传统的佩戴方式。斯穆洛维茨有从事首饰的背景，这导致她去探索身体、装饰和私密问题之间的关系。这些互动装置小雕塑是一种新的装饰形式，她想强调身体这种独特的引人注目的部分。

杰西·马蒂斯是美国首饰艺术家，2000 年本科毕业于圣地亚哥州立大学，2004 年毕业于美国印第安纳大学的金工和首饰专业，获美术硕士学位。马蒂斯的作品挑战首饰传统的佩戴方式和尺度的认知，她的灵感来自维多利亚时期服装的拉夫领（Ruff）。她的作品多用于颈部，具有大尺寸，类似项圈的特征，其风格大胆、另类，让人过目不忘（图 3.124、图 3.125）。马蒂斯获奖无数，参加过很多知名的展览，她有服装学习的背景，这促使她从本源上将首饰与服装靠近，致力于非传统人体装饰物的探索。她创作选用金工技术，也选用与服装密切相关的工艺，达到模糊首饰与服装界限的目的，其作品整体形态显示出强烈的张力，给人震撼的视觉效果。

鲍里斯·巴里的作品在形式上是激进的，它们造型夸张，尺度巨大，具有很强的侵略性，远非一般意义上的装饰物，它在西方首饰文化类型学中也是令人惊讶的。这些作品只能在有限的意义上被佩戴。佩戴巴里的作品时，佩戴者必须全神贯注，避免对自己、衣服和周围的人造成伤害。他的作品最核心的因素是它与身体的关系（图 3.126、图 3.127）。

格德·罗斯曼的作品也是对首饰佩戴方式的扩展，他将人体部位的铸件融入了他的首饰实践中。从 20 世纪 70 年代初开始，他就开始创作带有人体印记的首饰，其中大部分是从

图 3.124 项饰（杰西·马蒂斯）
材质为铝，14 英寸 ×38 英寸 ×24
英寸。

图 3.125 项饰（杰西·马蒂斯）
材质为铜（着色）。

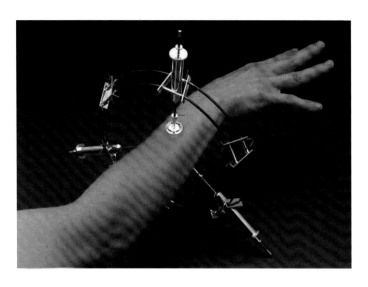

图 3.126（左） 手镯（鲍里斯·巴里，1990）
材质为银、氧化黄铜、红宝石、钛，11 英寸 ×11 英寸 ×2 英寸。

图 3.127（右） 手镯（鲍里斯·巴里，1992）
材质为镀银黄铜（手工制造、铸造），10.5 英寸 ×11 英寸 ×11.5 英寸。

客户本人或他们的家人身上取得的。他针对客户身体的特定部位进行个性化设计，如耳朵、鼻子、嘴、脖子、手、脚等身体部位的模型都是他创作的素材。罗斯曼的贡献除了将人体拓印引入首饰艺术领域外，独特佩戴的观念也是其主要的创作理念之一，他的首饰形体是从人体上直接拓印下来，再经过翻模铸造，所以这些作品与人体解剖结构非常吻合，能很贴合地被佩戴在人体的各个部位。这种佩戴方式打破了首饰传统单一的佩戴方式，给人以一种独特新奇的感受（图 3.128、图 3.129）。罗斯曼的首饰创作是深入思考首饰的原始意义，并追求一个不断创新的艺术探索。

彼得·斯库比克佩戴在人体之内的作品《皮下首饰》也对传统佩戴方式提出挑战，是对首饰功能的完全颠覆。

本节介绍的当代艺术首饰有一个共同点，那就是这些首饰都是与身体紧密相关的——以人的身体作为创作的目的；将首饰当作是可穿戴概念的物品；挑战首饰传统的佩戴方式，对首饰的佩戴方式做出革命性改变，探索首饰佩戴的新的可能性，打破了人们对首饰的固有认知。这种以身体为导向、挑战常规佩戴方式的创作理念是当代艺术首饰发展的又一重要的趋势。

图 3.128（左） 戒指（格德·罗斯曼）
材质为银。

图 3.129（右） 足饰（格德·罗斯曼）
材质为银。

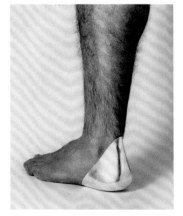

## 第六节
# 工艺复兴及创新运用

*Section 6　Technological Revitalization and Innovative Application*

工艺复兴是 20 世纪 60 年代当代艺术首饰创作理念的另一个重要趋势。历史上有许多独特的工艺和技术因时间的流逝而几近失传，但幸运的是，有一批基于工艺的首饰人不断地通过工艺创新的理念来创作首饰作品，使各种传统的技艺得以传承并焕发出全新的生命力。

当代首饰不可能与历史割裂，它能与许多不同的事物发生关联，而工艺就是其中最为牢固的。当代艺术首饰的创作并不抗拒对传统工艺的继承与借鉴，而是主张突破传统工艺的局限，以更加开放的思维对不同地区、不同民族、不同类型的工艺传统予以兼收并蓄再加以创新运用，这些手工艺的运用是一种与工业化对垒的方式。

## 一、金属工艺

首饰创作使用的金属工艺种类繁多，有最基本的金属加工工艺，也有随着技术进步出现的新的工艺类型，如木纹金工艺、金属染色工艺、金属阳极氧化处理工艺、金属錾刻工艺等。当代艺术首饰的创作者们以金属工艺为基础进行各种创作，积极探索新的工艺，为当代艺术首饰在金属工艺方面的发展起到了重大的作用。

意大利首饰家格雷西亚诺·维斯廷（Graziano Visintin）曾学习于意大利帕多瓦的彼得罗·塞尔瓦蒂科艺术学院，师从马里奥·平顿（Mario Pintin）、弗朗西斯科·帕万（Francesco Pavan）和詹帕罗·巴贝托（Giampaolo Babetto），自 1976 起一直在此学院任教。他频繁地运用古埃及人使用的乌银、银合金、紫铜、铅、硫磺和硼砂等创作首饰，为其添加强烈的绘画般的效果。乌银的黑色和温暖的高 K 黄金通过绝对极简主义的几何形平衡创造出一种奇妙的对比（图 3.130、图 3.131）。维斯廷创作的作品理性、至简、纯粹，具有非同寻常的美的感染力。维斯廷被圆形、方形、三角形等基本几何形深深吸引，探索这些几何元素的表达潜力和概念意义。方形使人联想到稳定和仪式，三角形则通过物理的能量和力的运用，暗示了两极分化，他减少外形的元素轮廓并保留金的体块感，在看似简单的物体中创造高质量的纯几何形体，表现尺寸的均衡。维斯廷的作品表现形态上区别于传统的具象造型，他的关注点是精确理性的几何形态，他作品最具创造性的是将贵金属与其他各种金属工艺结合与创新，从而产生了独特的艺术美感。

琳达·金德勒·普里斯托（Linda Kindler Priest）用凸纹制作术（repoussé）创作可以被归类于可佩戴的雕塑作品。凸纹制作术是一种能在金属表面刻出凹凸图案的金工工艺，在青

铜时代的美索不达米亚地区已有这种工艺。这种古老的工艺是通过直接在金属表面操作来加工金属，通过将金属放置于软化的松香和蜂蜡调制的混合物中，用细细的铅笔状的被称作"錾子"的钢制工具錾刻、锤敲，各式各样錾头的錾子在金属板上刻出丰富微妙的图案和肌理。通过这个步骤，金属不再平面、冰冷、坚硬，充满活力。普里斯托的作品源自她对自然的研究，小鸟、蜜蜂、蜻蜓等小动物都是她作品的常规主题（图 3.132、图 3.133）。

普里斯托创作的任何一件作品都是关于平衡与和谐的，亦可作为复杂的陈述，就像花生长于世间一样单纯。这些金色的形象传达了一种新的方式，即观察发源于自然的美。普里斯托的基于自然的小雕塑是可以佩戴的，当看到飞翔的苍鹭、松鼠在她门口站立或动物园里的一只老虎，她会惊讶于它们的敏捷和力量，然后试图在金属上捕捉每个生命的本质。在雕刻过程中创作者的个性被嵌入雕塑中，普里斯托构思一个场景，用金属结合矿物晶体和宝石的形式来创造独特的生命形态。宝石在她多年来的工作中变得非常重要，其颜色、图案、表面和每一块石头的纹理完全在她的每件微雕中被展现。普里斯托同时研究宝石的切割工艺，将宝石完全融合到设计中，从而实现作品部件之间更好的和谐。她的小型雕塑是一个平衡材料、颜色和形状的画像，是可以佩戴的艺术。普里斯托用简洁现代的造型语言区别于传统凸纹制作造型的繁复、陈旧。另外，她结合镶嵌技术，将宝石材料的色彩和质地引入作品，这种独特的处理方法让古老的凸纹制作工艺焕发了新机。

美国缅因州的首饰艺术家和雕塑家迈克尔·古德（Michael Good）扩展了传统首饰对随机形体、三维雕塑形体的定义，他运用一种被称为互反提升（Anticlastic Raising）的金工技术创作作品而被广泛认识，互反提升技术是对金属工艺的一种扩展。这种独创的技术改造

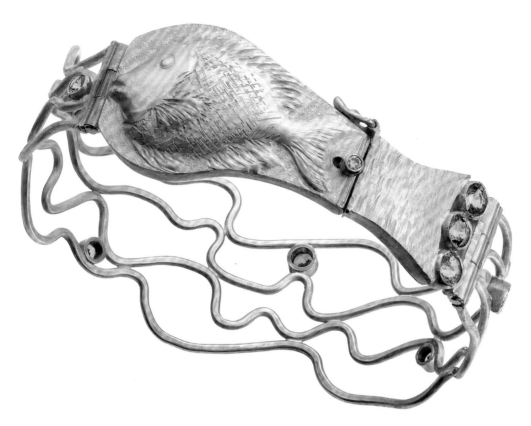

图 3.132　手镯（琳达·金德勒·普里斯托）
材质为 14K 黄金、蓝宝石。

图 3.133　胸针（琳达·金德勒·普里斯托）
材质为 14K 黄金、银、褐铁矿、蓝宝石、钻石。

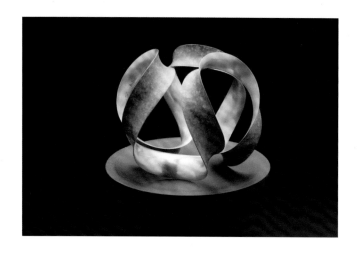

图 3.134（左）雕塑（迈克尔·古德）
材质为青铜和 22K 黄金。

图 3.135（右）手镯（迈克尔·古德）
材质为铂金、金。

了首饰的制作方式，不亚于是对金属工艺的一场革命。互反提升技术是金属塑形的一个制作过程：运用锤子和铁桩将金属弯曲成两个相反的方向，将其制成类似马鞍的形状。这种技术由芬兰银匠海基·塞普（Heikki Seppä）引进美国，最初被用来制作空心物体或大型的雕塑形体。古德结合自己的发现和艺术感觉，运用海基·塞普的这种技术创立了一种全新的艺术语汇。如今，古德用桩模锻压的技术创作出了复杂且非凡的设计作品，这些作品极度轻盈且具有精密的结构。这种结构具有强烈的动感，他致力于将纯粹的运动形态引入作品。他的目标是保持单纯的造型，努力超越传统设计理念，古德绝对称得上是一个真正的创新者（图 134、图 135）。互反提升技术是以往金工领域所不采用的，但古德的首饰作品是基于这种金属工艺之上创作的，从某种意义上来说，没有这种工艺，他的作品就不会存在。

斯特凡诺·马切蒂（Stefano Marchetti）是意大利帕多瓦（Padova）学校年轻一代中的佼佼者，他受帕多瓦学校的大师弗朗西斯科·帕万影响，通过研究发展出一套自己的技术——用金属制作拼接图案。这是源自日本古代的一种金工技术，称作木纹金工艺（用金属叠层来制作木纹的工艺）。马切蒂的探索主题远超出拼接技术。通过这项技术，他创作了极其美丽的拼接金工作品，这种作品新奇独特，具有非同寻常的异域情调（图 3.136、图 3.137）。他高贵的作品展现了一个艺术家用工艺实验促进创作的惊人天赋。

在纽约萨拉托加斯普林斯斯基德莫尔学院（Skidmore College）的学生格伦达·阿伦森（Glenda Arentzen）的首饰中，我们看到了一种更微妙的金属色彩处理工艺。阿伦森利用了金属结合技术，这项技术可能是由墨西哥塔克斯科的卡斯蒂略兄弟开发的。它将银、紫铜、黄铜和镍等金属结合在一起，形成了色彩微妙的表面图案（图 3.138、图 3.139）。

格雷西亚诺·维斯廷运用新的金属加工技术，产生传统首饰所没有的绘画效果；琳达·金德勒·普里斯托将凸纹技术用现代的艺术语言创新，结合宝石，将色彩引入，打破了凸纹技术常见的单一色彩表现形式；迈克尔·古德发展出新的金属加工技术，这种技术是他首饰创作的独特语汇；斯特凡诺·马切蒂深入研究木纹金技术，变革传统技术，挖掘金属

图 3.136　手镯（斯特凡诺·马切蒂，2011）
材质为金、银、钯。

图 3.137　项链（斯特凡诺·马切蒂，2007）
材质为金、银、钯。

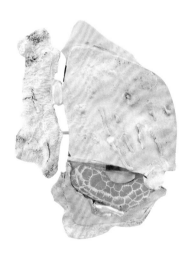

图 3.138　胸针（格伦达·阿伦茨）
材质为石板和赤铁矿、金、银。

图 3.139　胸针（格伦达·阿伦茨）
材质为 24K 黄金、14K 黄金、半透明
石英。

工艺与首饰之间的渊源；格伦达·阿伦茨微妙的金属色彩结合技术是对金属加工工艺的创新。当代首饰对金属工艺的关注和实践是一种文化的回归，让创作理念重新回到首饰原本惯用的金属材料加工工艺的源头，不断挖掘其潜能，进行多种多样的创新。这种对金属工艺的回归加固了首饰与金属之间的联结，也为当代艺术首饰的创作开辟了一条不同的路径。

## 二、编织工艺

编织工艺通常是指利用韧性较好的植物纤维（如细枝、柳条、竹、灯芯草），以手工方法编织工艺品（篮子或其他物品）的技术。当代艺术首饰创作者有意将各种不同类型的编织工艺引入首饰中，通常用细金属丝代替各类编织工艺中的材料，结合手工编织与金工工艺为基础进行创作，他们强调编织工艺的艺术性。

美国首饰家胡玛丽（Mary Lee Hu）将编篮的方法运用到她的首饰创作中，这种独特的技法将她与其他的首饰家区别开来。正是这种精致的金属丝线和图案的运用，奠定了她备受尊敬的首饰家地位。胡玛丽于 20 世纪 60 年代末开始了金属织物结构的实验，她用缠绕编篮技法创作三维形体。20 世纪 80 年代早期，她将编好的管状物切开，并把它们焊接好，再加上闪亮的管子作为手镯的过渡，将编织与金工互相结合。胡玛丽只用高纯度的黄金来创作作品，她曾创作了一系列几何形的项链，这些精巧的项链依据经典项圈的造型，由细小的编织元素焊接建构在一起，佩戴时紧贴于颈部。20 世纪 90 年代，胡玛丽的风格从严格的几何形方向转移，随机形在她的首饰创作中发挥很大的作用。她将平滑的金属丝线有意识地扭曲，这些缠绕编织的形体呈现出舞蹈的运动美感。胡玛丽通过优雅的扭曲编织元素，创作了独特的流线型却极度精致的结构（图 3.140、图 3.141）。

阿琳·费什（Arline Fisch）是美国当代艺术首饰设计的先驱者，同时也是一位国际知名的织物艺术家，以其对针织金属的研究而闻名，她运用贵金属以及其他材质的金属丝编织出色彩丰富、结构复杂的珠宝首饰作品（图 3.142、图 3.143），并在 1994 年获得了全美女艺术家博物馆授予的"手工艺终身成就奖"。

图 3.140　项圈（胡玛丽）
材质为 24K 黄金。

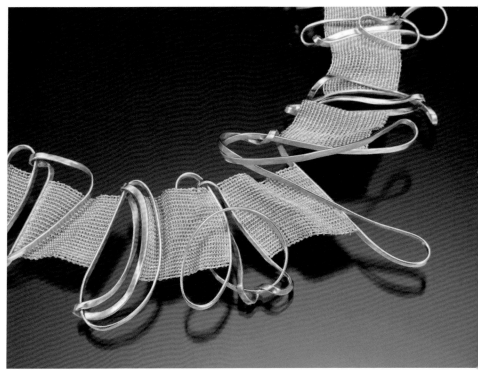

图 3.141　项圈（胡玛丽，2002）
材质为 18K、22K 黄金。

图 3.142（左） 项饰（阿琳·费什，
1988）
材质为 18K 黄金、氧化银、赤铁矿
珠，手工编织，3.5 英寸 ×12 英寸
×12 英寸。

图 3.143（右） 吊坠（阿琳·费什，
1991）
材质为氧化银、18K 黄金、玛瑙、赤
铁矿，编结，5.5 英寸 ×6.5 英寸。

她曾出版了一本关于首饰金属编织技术的专著——《金属编织技术》（*Textile Techniques In Metal*）。她在这本书中介绍了多种金属编织工艺技法，教授如何运用金属丝与纤维进行编织，此书一直是首饰编织工艺方面的权威书籍。

胡玛丽的作品风格比费什的风格更受控制，金属"织物"比费什的形体更为结构化，灵活性更高，编织图案更为复杂和细致。胡玛丽作品的形体表面从一端到另一端的过程具有东方特性和冥想特性，她用金属为编织、编绳等过程创造了一种同等的效果。

美国俄亥俄州的首饰艺术家斯图尔特·戈尔德（Stuart Golder）也善于用编织工艺创作当代首饰，这些具有工艺感的错综复杂的精美耳环、珠子、手链、胸针和闪闪发光的戒指如同艺术品般美好且珍贵（图 3.144、图 3.145）。戈尔德将劳动密集型的编织技术运用到金属中，他所掌握的传统每英寸百线黄金斜纹编织技术是历史上独一无二的。他注重细节和精致的工艺，在特制的织布机上用金片和金丝制作出繁杂细致的首饰作品。戈尔德用自己独创的由本土念珠织布机改造而成的机器来编织高密度的金属织物。每英寸长度的织物需要由 100 根金属丝线构成，制作时需要用刀将金属丝弯曲成形，并将纬线推送入相对应的位置，每英尺成品大约要耗费 4 小时。戈尔德基本上是自学成才的，他自学金属编织工艺，并用来创作精心设计的图案，其中有些图案是基于传统的服装设计。他尝试将金属线扭曲、整平、穿插来形成美丽、独特的结构。戈尔德也精心制作小块的编织物、金片的拼缀物，他用此种方法来构成图案。戈尔德对首饰的造型没有限制，他重新定义了金工艺术，他的编织首饰作品使他获得了声名，并赢得了无数的奖项，部分作品成为美国华盛顿特区的史密森艺术博物馆卢斯基金会中心美国艺术部的藏品。

意大利首饰家乔瓦尼·科瓦哈（Giovanni Corvaja）则另辟蹊径，以极致精微的细金属

图 3.144（上） 胸针（斯图尔特·戈尔德）

材质为黄金、欧泊石。

图 3.145（下） 项链（斯图尔特·戈尔德）

材质为黄金。

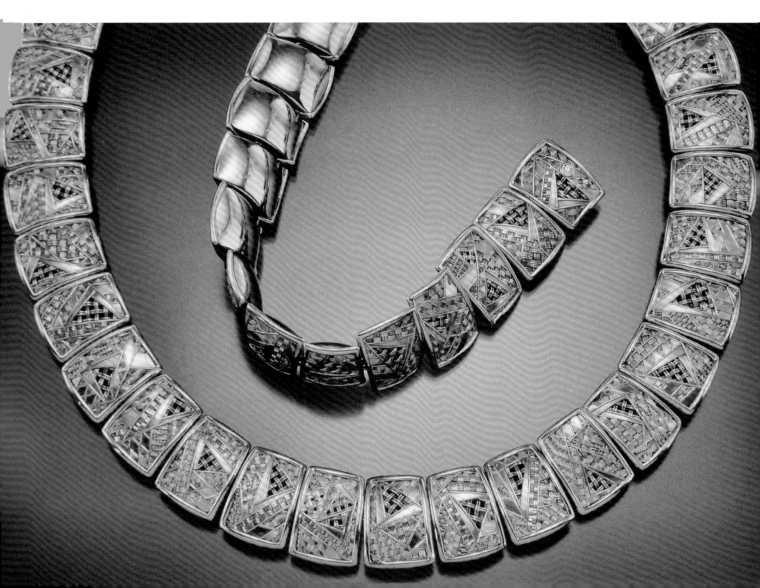

丝创作出令人叹为观止的编织首饰，他的作品被英国伦敦的 V&A 博物馆、法国巴黎的装饰博物馆和德国汉堡的世界博物馆等收藏。科瓦哈出生于意大利，毕业于英国皇家艺术学院，获艺术硕士学位。他最初的作品是将金和钛结合而成的，后来他发展出一种创新的三维金线编织技术。用这种技术创作的作品常常是由成千上万的极微小的部分松散的联结在金属框或金属片上，外观具有错综复杂的肌理效果，但用放大镜细看时，又会看到许多相似的形状大量的重复交错。科瓦哈的作品总是以深厚、纷乱、熟练的技艺之美让收藏者吃惊。如图 3.146、图 3.147 所示的作品用极细的金线构成柔软、细腻的皮毛质地，这种工艺挑战了金属的极限。

　　荷兰首饰艺术家玛雅·霍特曼（Maja Houtman）同样专注于编织技术，她的作品（图 3.148、图 3.149）在众多国际手工艺比赛中获奖，并被私人和公共机构收藏。玛雅·霍特曼希望能制作一些独特且可以佩戴的艺术作品，她用自己研究的编织技术来实现艺术想法，让最好的作品在其手中呈现。当玛雅·霍特曼展示作品时，经常会收到人们对她制作作品所耗费时间的感叹，她希望能让人们感受到编织这种技术的多种可能性：既可以在编织当中镶入宝石，也可以把它作为花丝的装饰，还可以让它成为单独的首饰作品。当然，有些作品也可以引发关于佩戴性的讨论。

图 3.146（左）胸针（乔瓦尼·科瓦哈，2000）
材质为黄金、铂金，7.1 厘米 ×7.1 厘米 ×3.7 厘米。

图 3.147（右）胸针（乔瓦尼·科瓦哈，2007）
材质为 18K 黄金，直径 60 毫米，厚 23 毫米。

图 3.148（上） 器皿（玛雅·霍特曼，2016）
材质为银。

图 3.149（下） 胸针（玛雅·霍特曼，2016）
材质为银。

  上述当代首饰创作者们都是以编织工艺作为创作理念，实现以工艺为基础的实践。不论是胡玛丽对编蓝技术的改造、阿琳·费什以纺织品编织技术为灵感的针织、斯图尔特·戈尔德的织布技术，还是乔瓦尼·科瓦哈的超细金丝编织工艺、玛雅·霍特曼的编织探索，他们的共同点都是将其他门类的工艺转用到首饰领域，同时结合金属加工工艺进行创作。这些编织技术用金属替换了原先工艺中的材料，从而让原工艺的质感、外观发生质的改变，呈现出全新的面貌。或许这些技术本身并不复杂，甚至常见，但这种将其他工艺引入首饰创作的理念是这些首饰家们的创新，因而显得特别有价值。编织工艺为首饰的设计创新提供了一种新的可能。

### 三、珐琅工艺

珐琅工艺是一种将玻璃粉末高温熔化并附着于金属表面的工艺方法。大约公元前 1200 年，迈锡尼人最早运用这种工艺，到罗马时代有了较大的发展。当代首饰创作者也在积极探索将这种古老的工艺融入首饰创作中，用工艺创意的理念进行各种实践。

琳达·达蒂（Linda Darty）一直专注于珐琅工艺的创新设计，她是美国北卡罗来纳州格林维尔市东卡罗来纳大学金属部门的教授。琳达·达蒂毕业于佛罗里达大学的艺术教育及陶艺专业，后来她在彭兰德手工艺学院完成了夏季课程后并开始在该校工作，她边工作边选修各种课程。偶然的一次机会，她接触了珐琅工艺，从此以后就一发不可收，接着修了所有跟珐琅相关的课程，这给她带来了非常丰富的经验。琳达·达蒂获得了东卡罗来纳大学终身研究成就奖、理事会卓越教学奖和珐琅学会终身成就奖，她的作品被许多公共机构和私人收藏，包括伦敦的维多利亚和阿尔伯特博物馆和纽约的艺术与设计博物馆。

琳达·达蒂的首饰"花园胸章"系列（图 3.150、图 3.151），最初灵感来自旧式的胸章，她对这个主题很着迷，此系列是为了怀念祖母以及小时候常去的园艺俱乐部，这些胸章象征着美丽和自然，这些来自自然的灵感给了她源源不断的创造力。琳达·达蒂希望后代能找到金、银精心刻画出的花和树叶，这些东西会提醒他们祖辈曾经佩戴过什么、做过什么，那些能够成为鲜活记忆的物品。尤其是在科技发达的时代，战争带来的摧毁和重建中，人们还

图 3.150（左） 胸针（琳达·达蒂）
材质为银、珐琅。

图 3.151（右） 胸针（琳达·达蒂）
材质为银、珐琅。

可以珍惜某种带有温度的手工制作的物品。

　　杰米·班尼特（Jamie Bennett）被称为当代最具创意的珐琅首饰艺术家，他在珐琅工艺领域取得了显著成就，其中最为著名的作品是他的珐琅胸针系列，尤其是以"把珐琅作为画布进行绘画"而独具特色（图3.152、图3.153）。班尼特1970年毕业于佐治亚大学，获得本科学位，后进入纽约大学学习并获得艺术硕士学位。他1980年开始在波士顿大学任教，后来转到纽约州立大学，从业20多年，曾经三次荣获美国国家艺术委员会基金奖励。班尼特通常称自己为以珐琅和黄金为主来创作的工作室首饰艺术家，通常当我们谈到首饰的时候大家都会想到传统的商业首饰，人们无法修正这种观点。首饰能够带给人们独特性，因而非常吸引他，班尼特尝试过许多不同的材质、方法进行创作，同时仍然花很多时间进行素描和油画。首饰既有私密性又有公共性，虽然跟人体的尺度有关，但又具有社会性的大格局，它在一个文化中是生疏的，却在另一个文化中可能是耳熟能详的，它有时候好像很前卫，但有时候又很保守。班尼特的创作理念是将绘画艺术与首饰创作相结合，以珐琅工艺的多彩性实现绘画效果的呈现，就如同用颜料在金属表面作画，同时利用首饰的可佩戴功能，让作品成为"可以移动的绘画"。

图 3.152（左） 胸针（杰米·班尼特）
材质为珐琅、电铸铜、银、金。

图 3.153（右） 胸针（杰米·班尼特，2008）
材质为珐琅、电铸铜、银、金，6.5
厘米 × 6.5厘米 ×1.3厘米。

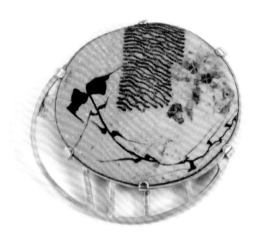

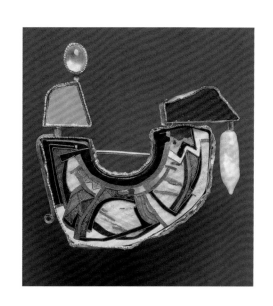

图 3.154　胸针（威廉·哈珀）
材质为金、银、珐琅、珍珠。

图 3.155（右页）　项链（威廉·哈珀，1994）
材质为金、银、珐琅。

金工首饰艺术家威廉·哈珀（William Happer）1944 年出生于美国俄亥俄州比塞罗斯，毕业于克利夫兰的西储大学（Western Reserve University），获学士学位和硕士学位，专攻高级珐琅。哈珀 20 世纪 60 年代初就开始了自己的珐琅人生，一直以抽象画为主要特色。他大多用金、银、宝石等材料来创作珐琅首饰，同时也会制作一些神秘部落的祭祀仪式物品，这些作品都有着神秘的、超自然的力量。他的创作灵感来自一些古老的部落文化以及魔法，他的吊坠和胸针表达了自己的原始信仰和犹太教、基督教的融合（图 3.154、图 3.155）。哈珀会使用吸引他的各种各样的材料，经常包括现成物。他的首饰结合丰富的珐琅工艺，并搭配黄金框架、贝壳、宝石、半宝石、碎石，甚至破碎的自行车反光镜、猪的牙齿或动物椎骨等，他选择这些对象是因为它们的美学特征和象征性，这可能会增加叙述的丰富性。

哈珀的首饰艺术作品曾于世界各地的顶级画廊展览展出，并被世界一流的博物馆及公众机构收藏，其中包括美国工艺博物馆、波士顿美术博物馆、克利夫兰艺术博物馆和大都会艺术博物馆、梵蒂冈博物馆和伦敦维多利亚阿尔伯特博物馆等。

英国首饰艺术家杰奎琳·瑞安（Jacqueline Ryan）的首饰创作同样与珐琅工艺密切相关。杰奎琳·瑞安一直迷恋自然世界，她将动物园、水族馆和植物园中的绘画元素转换为首饰的形状和结构。在充满生机的作品创作过程中，她会先用纸和黏土制作模型，这些"微小的构成"可以缩小二维图片和三维首饰间的差距，然后将运动元素放入作品，并赋予它们生命。这些可运动的元素佩戴在身上，随着人的移动发出声响，并摇曳生姿。

杰奎琳·瑞安创作首饰的目标在于刺激观赏者的视觉和佩戴者的触觉，她的作品展现抽象自然和对自然世界的印象。除了对自然世界感兴趣之外，她深受古代装饰艺术（如埃及和伊特鲁里亚人）的启发，崇尚古老黄金物品华贵的美感。她的珐琅作品是这些影响的特别的证据。杰奎琳·瑞安喜爱用重复的方式构建作品，重复是她作品常见的主题，这种不规则的排列方式在自然中非常普遍。这些小的不规则和不完美使她深深着迷，她通过作品试图复制它的色彩、结构、肌理和形状。杰奎琳·瑞安不断地收集关于自然的形态、结构、纹理和颜色等表面的视觉信息，以及最能启发她的细小元素，然后进行纸质模型塑造，最后再转换成贵金属（图 3.156、图 3.157）。

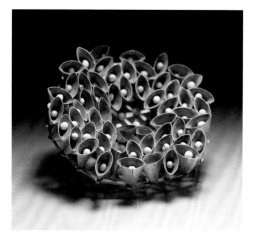

图 3.156（左） 胸针（杰奎琳·瑞安）
材质为 750 金、珐琅，5 厘米 × 5 厘米 ×1 厘米。

图 3.157（右） 胸针（杰奎琳·瑞安，2008）
材质为 18K 黄金、珐琅，5.2 厘米 × 5.2 厘米 ×1.5 厘米。

重复的构建方式这种艺术形式非常吸引人的触觉素质，它最终实现与佩戴者的互动。杰奎琳·瑞安的作品常被描述为诗意的表达，她喜欢用作品去传达情感，但通常不为作品命名，宁愿让观者得出自己的结论，在没有先入为主的情况下做出自己的联想。杰奎琳·瑞安用工艺手段在首饰类应用艺术中表达艺术思想和观念。尽管技术能力正在被许多创作者日益回避，这导致偏离工艺过程仅用概念单独支持的设计。但是概念本身只不过是创作过程的一部分，隔离技术是不会产生有效的独一无二的艺术作品或未来的收藏品的。

首饰传统中色彩一般是通过宝石和珐琅来传达的，20 世纪 70 年代珐琅成为一个重要的主题，这类古老文化持续吸引影响着当代艺术首饰的创作理念。威廉·哈珀和杰米·班尼特是 20 世纪 70 年代最重要的珐琅工艺家之一。班纳特对哑光珐琅进行了广泛的研究，而哈珀则探索珐琅工艺和现成物结合的艺术可能性。本小节介绍的首饰家都是基于珐琅工艺进行创作的，且各自运用了不同的表现方式来创作风格迥异的首饰，可以看出将珐琅工艺引入当代艺术首饰是一条非常可行的道路。

### 四、金属珠粒工艺

金属珠粒工艺，英文名 Granulation，又名"炸珠工艺""粟纹工艺"。金属珠粒工艺是一项古老的以焊接微小金属球为基础的技艺，已被用在首饰装饰领域几个世纪了。金属珠粒工艺被认为是金工史上最重要、最神奇的技术之一。其中，珠粒其实就是微小的金属球，也被称为珠粒剂，将其加热熔融到金属表面形成图案，无须使用焊料，一般运用在装饰或图案布置上。

据记载，早在公元前一世纪金属珠粒工艺就已经广泛应用于首饰制作中，金属珠粒工艺一直被认为是最难掌握的金工工艺之一。

比利时金工艺术家大卫·休伊克（David Huycke）复兴了此种工艺，让这种工艺达到一种前所未有的高度。大卫·休伊克是比利时 PXL-MAD 大学和哈塞尔特（Hasslet）大学建筑和美术系副教授，他 1989 年毕业于安特卫普圣卢卡斯大学首饰和银器设计专业，从 1993 年开始作为一个独立艺术家一直致力于雕塑艺术品领域。他的作品曾在世界各地的画廊和博物馆展出，并被根特设计博物馆、哥德堡的戈斯卡博物馆、印第安纳波利斯艺术博物馆、巴黎装饰艺术博物馆等永久收藏。2007 年，他获得了由慕尼黑国际贸易博览会授予的巴伐利亚州奖，2010 年，他以"变形结构装饰——重新思考珠粒工艺，一种基于探索当代艺术和古代珠粒工艺关联的实践"课题获得哈塞尔特大学和鲁汶大学的艺术与工程博士学位。

休伊克目前的研究主要集中于当代银器材料表面的意义，以其珠粒工艺器皿而闻名，他借用青铜时代的工艺，并使它具有超现代的效果，他的小珠粒状球体在显微镜下看起来像细胞（图 3.158、图 3.159）。为了完善这种工艺，休伊克用去了五年的时间。这是一种从学科中追寻技术和概念的方法，金工艺术将被改造并适用于其他专业，像雕塑银器艺术。

图 3.158（左） 饰物（秩序与混乱）（大卫·休伊克，2007）
材质为 925 银、纯银，染色，15 厘米 ×16 厘米。

图 3.159（右） 饰物（秩序与混乱）（大卫·休伊克，2008）
材质为 925 银、纯银、钢、树脂，染色，17.5 厘米 ×17.5 厘米 ×32.5 厘米。

约翰·保罗·米勒（John Paul Miller）是美国开创当代艺术首饰的先锋者之一，他对珠粒工艺和珐琅工艺的运用可以说到了炉火纯青的地步。1950 年他把金珠粒这种近乎失传的工艺挖掘出来进行复兴运用，并完美地与珐琅工艺相结合，形成他独特的风格以及工艺特征。他的大部分作品都以昆虫、海洋生物为主题（图 3.160、图 3.161）。地球、海洋生物、章鱼、螃蟹、飞蛾、蜗牛等都成为他作品的主要造型，这些主题有他自己的重新诠释，不是简单地复制，而是通过色彩、造型的变化进行独具风格的表现，将自然界中的生物与他的想

图 3.160（左） 吊坠（约翰·保罗·米勒）
材质为金、珐琅。

图 3.161（右） 吊坠（约翰·保罗·米勒）
材质为金、珐琅。

象完美结合起来。约翰·保罗·米勒重新将金属珠粒工艺这项古老的技术重新焕发了生机。

同样用金属珠粒工艺进行创作的首饰家还有哈罗德·奥康纳（Harold O'Connor），他曾在丹麦、芬兰、德国、奥地利接受了两年半的金工训练。哈罗德潜心研究影响美学的理念和欧洲工艺的创作方法，同时他还受到大卫·史密斯（David Smith）和野口勇（Isamu Noguchi）的抽象表达和生物形态的雕塑影响。哈罗德·奥康纳创作的首饰仿佛在画布上大胆地绘画，画面具有强烈的三维空间和惊人美感，对首饰进入纯艺术领域做出了独特的贡献。他的作品被美国华盛顿特区史密森艺术博物馆的伦威克画廊、伦敦的维多利亚和阿尔伯特博物馆、纽约的大都会博物馆永久收藏。哈罗德·奥康纳繁杂、革新的作品突出精心制作的表面肌理，包含鲜明对比的有机形与闪耀的金属（图 3.162、图 3.163）。他偏爱的技术包括网状组织、金属压层、片状结构、薄片、金珠粒工艺和滚筒碾压纹理等。他通过使用金珠粒工艺创造出乎意料的表面肌理，开辟了首饰设计的新领域。

除了金珠粒工艺外，当代艺术首饰还会涉及其他各种不同的工艺，如木工工艺、陶瓷工艺、玻璃工艺等。

首饰家利夫·布拉瓦普（Liv Blavarp）就是用木工工艺创作当代艺术首饰的代表人物，他 1956 年出生于挪威奥斯特图腾（OstreToten），毕业于英国皇家艺术学院和奥斯陆国家艺术学院。她的作品具有典型的北欧审美特征，有极强的辨识度，被众多艺术机构及私人收藏。利夫·布拉瓦普的系列项链作品材料均以木材制成，结合了挪威的传统木加工工艺与非洲土著艺术造型元素，每款项链作品的单个元素均为手工成型、弯曲、打磨、染色制作而

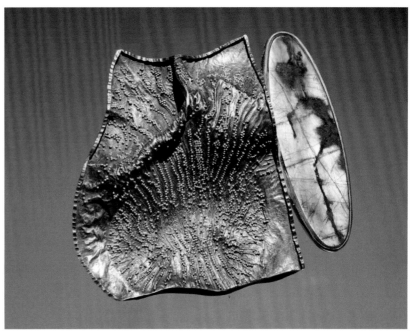

成，用极细致的工艺营造出精致的表面。柔软、立体、婉转的线条，创造出迷人的韵律感，展现出有机流畅的雕塑形态。这些作品既具首饰的可穿戴性功能，又具有艺术装置的欣赏价值（图3.164、图3.165）。

　　当代艺术首饰没有抛弃传统工艺，虽然除了考虑工艺问题外，还考虑了许多其他问题。而工艺仍然是其表现的一个重要组成部分，尤其是在传统的认知中，通常将首饰归类为手工艺，所以当代首饰与工艺的关系依然十分紧密。首饰家以艺术的目的创作当代首饰，不是为了追求工艺而工艺，而是为了实现表达自己的创意而使用工艺，也是为了服务于更广大的理念，增强理念的可信度，从一定意义上来说，创意概念与工艺是一体多面的关系。无论概念有多伟大，当工艺不完美时，作品就不会有良好的品质，那么这就是拙劣工艺的概念。另一方面，没有概念的工艺纯粹是劳动工时的一般积累，没有智识因素介入的工艺只能是平庸之作，无论如何也达不到艺术的高度。

图 3.162（左上） 胸针（哈罗德·奥康纳）
材质为 18K 黄金、纯银、木。

图 3.163（右上） 胸针（哈罗德·奥康纳）
材质为 18K 黄金、纯银、拉长石。

图 3.164（左下） 项圈（利夫·布拉瓦普）
材质为木，染色。

图 3.165（右下） 项圈（利夫·布拉瓦普）
材质为木，染色。

## 第七节
# 叙述故事
*Section 7　Narrating a Story*

叙述故事是当代艺术首饰创作的又一重要理念，创作者们将首饰聚集到特定的内容上来表达不同的主题，如记忆、自然、人类、社会和政治等，他们通过现成物、符号和隐喻等来创作作品，讲述与自身相关的故事。

杰克·康宁翰（Jack Cunningham）是英国当代首饰艺术家，曾任伯明翰城市大学珠宝学院院长，他于 1972—1976 年就读于英国邓迪大学设计学院首饰与银饰设计系，2001—2007 年就读于格拉斯哥艺术学院并获得哲学博士学位。

他对叙事首饰情有独钟，2007 年，康宁翰在格拉斯哥艺术学校完成了一个基于实践的博士学位，研究民族的因素和当代叙事首饰创意成果之间的协同作用，调研了环境对创意个体的意义以及这些因素对创作过程的影响。康宁翰认为首饰是专门用来讲故事的艺术品，叙述性已经成为首饰的核心概念和主要实践方向，艺术家以首饰的形式再现了自己的一段经历或一份思考。他认为一件首饰作品从构思、打磨、煅烧到完工还是不完整的，直到佩戴者或观看者出现，它的意义才得以完整。康宁翰用作品代表一定的时间与地域，也代表人生中的一个片段。

康宁翰的创作动机来自自我、家庭、地方、往事、记忆、生活和死亡。他也对制作者（原本创作的叙述）、佩戴者（作品被看到的载体）、观者（观众对作品的解读）三者之间的关系感兴趣。首饰作品往往会告诉我们一些关于创作者的故事，尽管它们可能匿名。它是佩戴者一个有意识的决定，然后成为媒介，让更广泛的观者看到。因此，佩戴者有可能通过个人参照来解释这一作品，这使他或她自己的个人陈述变得很重要，并使佩戴者成为与更广泛的观众沟通过程的一部分，这样便形成了创作者、佩戴者、观者之间的三角关系。康宁翰设计的首饰都会讲故事，要么是他自己的故事，要么是他所遇到的人和事的故事。图 3.166、图 3.167 是他设计的胸针，它们讲的故事是关于人与人之间复杂且微妙的关系，关于个人的

图 3.166（左）胸针（杰克·康宁翰，2006）
材质为银、虎眼、绿珊瑚、软玉、养殖珍珠、木材。

图 3.167（右）胸针（杰克·康宁翰，2003）
材质为银、混合介质、现成材料。

体验和经历，关于童年那些美好的记忆。同时，康宁翰也关注那些佩戴的人，以及他们对设计的感受和想法，毕竟佩戴者才是首饰故事最后的归宿。

德国首饰艺术家贝蒂娜·斯克纳（Bettina Speckner）也是专注于叙事首饰的创作者。她毕业于慕尼黑美术学院，曾师从于赫曼·荣格（Hermann Junger）和奥托·昆兹利（Otto Kunzli）。照片影像是艺术家最钟爱表现的主题，斯克纳叙事首饰的创作过程是三个方面的整合：第一步，找到相关的旧图片（19世纪用铁板照相法拍得的照片）；第二步，把这些照片放在自己作品的周围或中间（主要是风景或景观）；第三步，集中研究材料和饰品之间的形式关系。这些以照片为基础的作品，特别是那些镶嵌了铁板照片的作品体现了斯克纳意图展现出照片中人物内在的影响。随着时光流逝，照片中人物的具体身份已无从考查，但照片却成了对一种已消逝文化的纪念。

斯克纳这种"镶嵌"照片的方法深受古典和现代两种思潮的影响，面对这些照片中的人物，我们不可避免地会产生"人生苦短"的感叹。照片的神奇在于可以记录下镜头前人物的凝视，"瞬间"被镜头记录，保存下来。斯克纳大量运用了这种材料，将照片印在铁板上再嵌入她的作品中，她挑战传统首饰的表达方式和内容，以及材料所能体现出的感性潜质和照片本身的历史感。她很清楚照片具有的非凡的史料影响力，并以独特的方式来表达这种影响力。斯克纳搜集相片，和其他物体搭配成新的从属关系，这些铁板照相法拍出来的相片人物仿佛"看"着你，从过去向你看来。通过改变形式、色彩和特定的人像来调节作品的内涵。斯克纳以柔软或平整的银或宝石等组成作品，这种特意的组合因忽略了照片中人物身份的细节，而使照片空间维度变为现代主义的二维维度。人们对照片中的人物的反应也许会体现特定情境下的怀旧，这种怀旧因电影、浪漫的文学作品而在流行文化中凸显出来。

斯克纳认为照片促使我们相信以前的事件，带我们游览过去的地方，引领我们进入从未谋面的人居住过的房子。照片不只是提供证据，还包含让人信服的史料。珐琅和蚀刻的锌风景画也被斯克纳大量用于她的作品。这些风景画通常是单色调的，保留黑白两色的风格。随着19世纪摄影技术的出现，人们通过佩戴肖像首饰来纪念和悼念一个人的愿望在维多利亚时代的英国和内战时期的美国达到了顶峰。在她的无题胸针作品中（图3.168），斯克纳用一幅古老的彩色肖像画描绘了一对神秘的夫妇，将他们从时空语境中抽离，让人产生了一种怀旧的情感。通过首饰的形式，这幅充满历史气息的肖像被带入了21世纪的存在主义的语境中。斯克纳作品里人像的力量因超出我们对于照片准确性的判断而被大大强化了。在她的创作过程中，作品透露的信息与她所使用的材料和形式相互作用，彰显出虚幻的历史美。斯克纳别具匠心地把影像和首饰合为一体，又让它们各具特色。达达主义的以物品为点缀和建

图3.168 胸针（贝蒂娜·斯克纳，2001）
材质为锌上蚀刻照片、红金、黑钻。

图 3.169　胸针（贝蒂娜·斯克纳，
2007）
材质为铁板照相、银、珊瑚、枫木。

构性的拼贴模式、极简主义的原则、后现代严谨的自我意识——所有这些都体现在斯克纳的作品中，让最终的首饰有了自己的故事，鼓励观众在其中找到自己的记忆（图 3.169）。

社会和政治评论也是当代首饰叙事表达的另一个方向。20 世纪 60 年代，美国首饰家用作品大胆地表现了当时的社会政治问题，这些作品表达了故事讲述者的深刻感悟。

非裔美国人乔伊斯·斯科特（Joyce Scott）1948 年出生于马里兰州巴尔的摩，她是著名的被子制造商和民间艺术家伊丽莎白·塔尔福德·斯科特的女儿。她先是在马里兰艺术学院攻读艺术学士，然后在墨西哥圣米格尔阿连德的阿连德学院（Instituto Allende）获得了硕士学位。她在自己多彩的首饰中引入了强烈的社会潜流，她以其对种族和政治问题的表达而闻名，她用一种独特的编织针法制作的玻璃珠子项链，挑战性别、种族和阶级问题（图 3.170、图 3.171）。斯科特的作品受到美洲土著和非洲等多种文化的影响。斯科特的作品被巴尔的摩艺术博物馆、堪萨斯大学斯宾塞艺术博物馆、波士顿美术博物馆和华盛顿的史密森艺术博物馆等收藏。

斯科特的作品展示传递了公共信息，她运用令人敬畏的技巧和耀眼的珠饰来表现一系列社会问题，包括奴隶制、社会不公正、性虐待和大屠杀等。当作品被佩戴，近距离展示时，这些信息变得更加引人注目。如此炙热的首饰被赋予了新的含义，虽然斯科特的作品涉及非裔美国人的主题，但珠饰本身却受到许多影响。她认为，作为一个非裔美国人通常意味着具有多元的文化，她曾在美国、欧洲、亚洲、非洲、中美洲和南美洲旅行过很多次。从马里兰艺术学院毕业后，她花了一年时间在墨西哥攻读手工艺硕士学位，并有一段时间从事莫拉活（molawork）——一种由巴拿马海岸的库纳印第安人练习的针法。这种特殊的缝线可以获得一种触觉和闪光的表面，强调形式而不是装饰效果。这种针法可以让她在一个无胶的边框上安置更大的珠子和其他物体。玻璃珠表面允许光线通过，半透明是她所追求的，即使她的塑像通常没有阻挡光线，珠饰本身已形成了图像，有时她还会用金属片或塑料珠来支撑塑像。斯科特的作品常常有一种奇异的混乱和完全不同的超现实主义绘画意象，人物和物体被缠绕在蜿蜒的藤蔓网中，复杂的画面拉近了作品与观者的距离，因此艺术家可以展现图像背后的真实故事。

布鲁斯·梅特卡夫（Bruce Metcalf）是另一位用当代首饰叙事的创作者，他使用各种材料进行创作，包括木材、金属、有机玻璃及各种各样的小雕塑和墙壁浮雕。他擅长通过幻想创作奇异的形象，这类首饰经常通过神秘的、面目全非的外星人形象捕捉人类的各种不安全感和恐惧来讲述神秘的故事（图3.172、图3.173）。他从个人经验中提取不同的图像，将熟悉的、平凡的物体与不熟悉的物体进行对比，来创作天马行空却又压抑的艺术作品，以此来探讨人类的处境。

基夫·斯莱蒙斯、劳里·霍尔、贝弗利·潘、克拉尼茨基和奥弗斯特里特、理查德·马德斯利、丽贝卡·巴塔尔和克里斯蒂娜·史密斯等首饰家都是以叙事模式进行创作的。美国的叙事首饰作品比欧洲的作品更粗野、更大胆、更注重材料的使用，更注重美学的表现，这或许与美国兼收并蓄的熔炉文化有关。

图 3.170（左） 项链（乔伊斯·斯科特，2009）
材质为玻璃珠、线，356 毫米 ×229 毫米 ×5 毫米。

图 3.171（右） 项链（乔伊斯·斯科特，2014）
材质为编织玻璃珠、线。

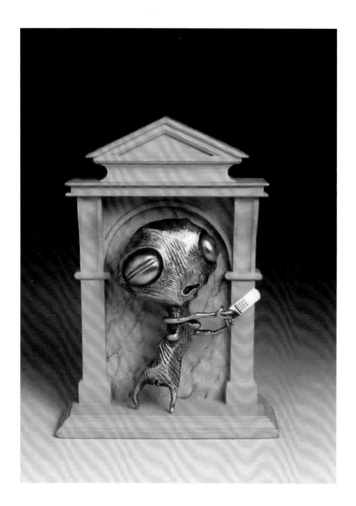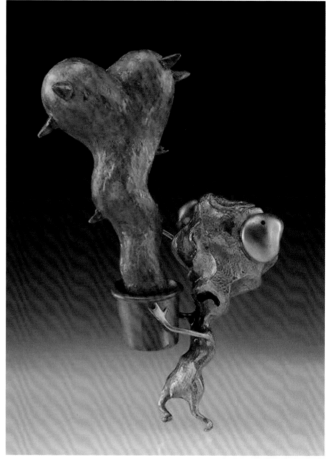

图 3.172（左）胸针（布鲁斯·梅
特卡夫，1993）
材质为漆木、纯银、18K 黄金，4 英
寸 ×27 英寸。

图 3.173（右）胸针（布鲁斯·梅
特卡夫，1993）
材质为纯银、铜、漆，4 英寸 ×2 英寸。

　　叙事首饰是一种讲述故事的首饰类型，无论是基于事实、梦想还是幻想。当代首饰的叙事形式可以是多彩的、装饰性的、超现实的、阴沉的，有时在设计的首饰中包含文字、图片或语言。以故事内容驱动的首饰评论与探索社会主题和文化等问题。一些艺术家会让佩戴者和观众通过首饰创造他们自己的故事。叙事首饰作品的故事是通过隐喻、符号或者文字形式的使用唤起的，这些故事可以揭示人类状况的方方面面，传达创作者对世界的看法。

　　亚里士多德认为：艺术的目的不在于表现事物的外表，而是在事物本身中寻找故事。丰富的叙事、政治声明或身份认同可以通过首饰的话语发挥作用，首饰还有可能传达出重要的组织性和政治性，社会和个人叙事继续吸引着新一代的首饰创作者。

# 第八节
# 科技先锋

*Section 8　Technology Pioneer*

随着科技的进步，人们的生活发生了巨大的变化，首饰家们也不可能对此置之不理。科技的进步为当代艺术首饰的发展带来了新的创作理念。

## 一、数字技术

20世纪80年代中期以来，CAD/CAM技术在很大程度上改变了首饰家构思创作的流程。近年来，随着快速建模等数字技术的成熟与推广，用其设计生产首饰已经完全成为可能。在首饰工艺领域，借助三维建模、三维扫描、数字雕刻、快速成型等技术，首饰家可以非常轻松地制作出造型千变万化、结构错综复杂、表面肌理丰富多样的理想作品。在这一方面，英国首饰家大卫·哥温德（David Goodwin）走在了时代的前列。图3.174、图3.175的作品是由大卫·哥温德于20世纪80年代创作的，这些作品由大量的线条框型构成，这种造型若是手工制作会非常耗时耗力，但用3D打印技术则只需建好数字模型即可输出原型蜡模，再通过传统的首饰加工方法——翻模浇铸把蜡模转化为金属实物。这种快捷的加工方式是传统首饰制作所无法比拟的，如今甚至出现了可以直接打印金属的3D打印机，技术的高度发展给首饰创作带来了无限的可能性。

乔纳森·博伊德（Jonathan Boyd）的作品也是基于数字技术进行创作的，他使用自己研究的、复杂的数字化过程，并结合铸造工艺进行创作。博伊德作品表达的主题是价值、感觉、工艺、影像和数字化，他善于用真空失蜡铸造技法和多样化材料进行创作，旨在探索雕

图3.174（左）胸针（大卫·哥温德）
材质为18K黄金、红宝石。

图3.175（右）戒指（大卫·哥温德）
材质为18K黄金、红宝石。

图 3.176（上）吊坠（乔纳森·博
伊德，2016）
材质为银、陶瓷转印、漆。

图 3.177（下）手镯（乔纳森·博
伊德，2012）
材质为银。

刻、艺术、设计和可佩戴之间的关系。为此，他运用语言文字与环境、人和物的联系构建一套复杂的叙述体系。自 2009 年开始，乔纳森任教于格拉斯哥美术学院，他的作品被世界各地的博物馆和机构收藏，其中包括伦敦的 V&A 博物馆、堪萨斯的斯宾塞博物馆和纳尔逊博物馆、格拉斯哥的交通博物馆、苏格兰议会、金匠公司、皇家艺术学院和格拉斯哥美术学院等。

乔纳森创作的灵感源于我们与语言的关联和我们所生活的环境。语言可以通过独特的科技方式来塑造我们对于物体及其背景的思考，他对此很兴趣，他的作品通常体现了文本的叙事、结构和上下文背景，最近的作品着眼于语言与环境是如何重叠的、城市和环境是如何影响和定义我们人类自身的。乔纳森的作品结合图像与文字，这些图像源于他在城市周边拍摄的照片和电影。2014 年，他设计并牵头制作英联邦运动会奖牌、胸针、包装和 VIP 纪念币。图 3.176、图 3.177 的作品是运用大量英文字符组成的手镯，极致密集的文字元素绝非手工技术所能达到的。

美国首饰艺术家道格·布奇（Doug Bucci）是宾夕法尼亚州费城泰勒艺术与建筑学院的助理教授，金属、珠宝、CAD-CAM 项目负责人，首饰艺术家和教育家。他利用数字过程探索和展示生物系统及疾病对身体的影响，计算机辅助技术使布奇不仅可以查看和模拟数据，还可以将图案和细胞形态转化为有意义的、个性化的、可穿戴的艺术。布奇认为，数字化技术拓展了创造的自由，是在传统的手工制作方法中没有被发现的。他的作品收藏于伦敦伯克希尔温莎城堡、费城艺术博物馆、德国慕尼黑现代美术馆、新泽西纽瓦克博物馆、德国汉努美术馆、芬兰赫尔辛基设计博物馆和俄罗斯圣彼得堡国立爱尔米塔博物馆。图 3.178 是道格·布奇于 2020 年发布的 3D 打印作品，他利用计算机辅助技术模拟人类生物学中的模式和细胞形态。他将糖尿病患者的血糖读数转换为玻璃填充尼龙项链的物理图案，项链被设计成一个连续的大型链条，并进行 3D 打印（图 3.179）。该项链造型极具视觉冲击力，底层的设计是由精细的阴影构成的，暗沉间歇性的灰色细胞组织相互连接，有节奏地排列创造出一个独特的造型。

上述首饰都是以数字技术为核心进行创作的，这种技术具有人工所无法达到的精度，能弥补手工技术的不足，提高创意的表现力。随着现代科技的发展，数字技术将会得到越来越广泛的运用，这种以数字技术为基础的创作理念一定会越来越多地出现在当代艺术首饰中。

## 二、技术创新

现代工业技术的发展也会催生新的首饰类型，斯坦利·莱奇津（Stanley Lechtzin）即是

图 3.178 项圈（道格·布奇，2011）
作品为树脂一体打印，22 英寸 ×22
英寸 × 3 英寸。

图 3.179 项圈（道格·布奇，2010）
作品为树脂一体打印，18 英寸 ×18
英寸 × 2 英寸。

图 3.180（左） 胸针（斯坦利·莱奇津，1966）
材质为银、电气石、珍珠。

图 3.181（右） 胸针（斯坦利·莱奇津，1969）
材质为银、电气石、珍珠。

一位探索并应用现代工业技术创作的首饰家。他通常采用电铸金属、矿物晶体和塑料相结合的工艺，创作大比例轻盈的首饰。电铸工艺是指在芯模上电沉积，然后分离以制造（或复制）金属制品的工艺，它的基本原理和电镀相同。但是，电镀时要求得到与基体结合牢固的金属镀层，以达到防护、装饰等目的，而电铸则要求电铸层和芯模分离，其厚度也远大于电镀层。电铸和一般机械加工工艺相比有很多优点：它能制造难以加工的特殊形状，能准确地复制精细的表面轮廓和细微纹路，还能制造形状复杂、超高精度的空心物件。莱奇津利用电铸这种工业专用技术实现了有机增长的效果，开创了以前无法装配的材料的融合，拓宽了首饰表现的语汇（图 3.180、图 3.181）。

技术的发展会给创意带来更多的可能性，完全可以将工业或其他领域的技术应用到当代艺术首饰的创作中。这种基于工艺技术的创作理念对首饰的创新发展具有积极的启发意义。

## 三、金属染色工艺

金属染色工艺的兴起为当代艺术首饰的发展增加了新的可能。到 20 世纪 70 年代中期，许多当代首饰创作者开始研究如何处理金属固有的颜色，阳极氧化技术进入了他们的视野。铝及其合金在相应的电解液和特定的工艺条件下，由于外加电流的作用，在铝制品（阳极）上形成一层氧化膜的过程，就是阳极氧化。当代首饰家正是利用这一着色原理，将其应用到当代艺术首饰的创作中。

大卫·蒂斯代尔（David Tisdale）率先使用阳极氧化技术处理铝材，这是从工业引入首饰创作的一种工艺，他在首饰、器具的创作中应用此种表达方式，蒂斯代尔以建筑的线条和角度为灵感，将门、窗的造型元素重复运用到彩色几何首饰中，他还在创作中使用其他材料，如塑料、宝石、半宝石或木材与阳极氧化铝结合（图 3.182、图 3.183）。

另一位采用阳极氧化技术创作的首饰家是简·亚当（Jane Adam），她是英国当代著名的首饰艺术家，尤其是使用阳极氧化铝金属创作的作品得到了广泛的认可，她的铝金属作品在

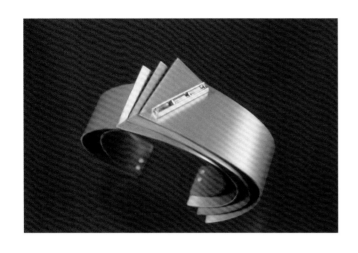

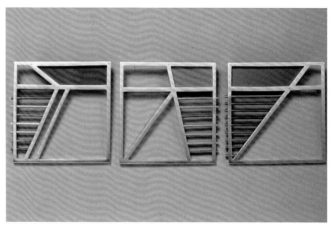

国际上享有盛誉，革新了当代首饰的实践，并获得了许多重要的奖项。她的作品被金匠公司和伦敦维多利亚、阿尔伯特博物馆等收藏。

简·亚当的作品是 20 多年铝试验的结果，铝这种材料传统上与工业联系在一起，但在简·亚当对铝金属色彩的创新应用中产生了新的特色。铝被阳极氧化，使金属具有坚硬、透明的氧化铝层，这允许使用手工印刷技术来吸收染料和油墨，从而产生纹理质地的表层。简·亚当作品中的色彩是微妙且分散的，她用紫色、黄色、红色和绿色等互补色的色调，并细致地运用染料，使她的作品具有很高的绘画性。

图 3.184 的作品构造为成片状重叠的简单形式，具有意想不到的绚丽多姿的色泽，这件作品的灵感来源于树皮和植物的纹理和颜色。铝片上随意分布的色彩与有机形式相呼应，染

图 3.182（左）手镯（大卫·蒂斯代尔）
材质为阳极氧化铝。

图 3.183（右）胸针（大卫·蒂斯代尔）
材质为阳极氧化铝。

图 3.184 项饰（简·亚当，2019）
材质为阳极氧化铝（着色）、钢，15厘米 ×15厘米 ×1 厘米。

图 3.185　项饰（简·亚当）
材质为阳极氧化铝（着色）、钢。

料的应用使每一片铝材都显得丰富且独特。

图 3.185 所示的项饰作品，在重叠的小块铝片表面染上暗紫色，这使铝片在灯光下闪闪发光，看上去珠光宝气。由铝片制成的项饰有着惊人的轻盈感，其形状让人联想到羽毛，当作品被佩戴时，小碎片会移动并反射光线，颜色和纹理会发生微妙的变化。

除了大卫·蒂斯代尔、简·亚当采用阳极氧化金属染色工艺外，海伦·谢克（Helen Shirk）（加利福尼亚）和印第安纳大学的阿尔玛·艾克曼（Alma Eikerman）也采用此技术来创作作品，用颜色创造了复杂的三维结构。这些首饰家主要采用金属染色工艺进行创作，他们拓宽了首饰的工艺范围，增加了首饰呈现色彩的方式，丰富了当代艺术首饰色彩表现力。

## 四、宝石切割工艺

传统首饰常用的宝石在新的加工工艺下会产生了不同的外观，这种新技术也为当代首饰呈现了另外一种可能，这种倡导变革首饰宝石切割方式的创作理念，打造全新的宝石造型丰富了当代的审美。

蒙斯泰纳（Munsteiner）家族的第四代继承人——汤姆·蒙泰纳（Tom Munteiner）出生于 1969 年，他沿袭了家族传统，自幼就跟随父亲进行宝石切割的工作。1985—1989 年，汤姆·蒙泰纳进入家族工作室成为学徒，学习宝石切割技巧；1991—1995 年，进入学校接受专业教育，并获得伊达尔－奥伯斯坦（Idar-Oberstein）宝石学院硕士学位及彩色宝石鉴定师资质。宝石的内部结构为汤姆·蒙泰纳提供了无尽的灵感。通过惊人的宝石切割，他不只探索其有趣的几何结构，还探寻它的有机能量。异彩纷呈的光线是他作品的关键部分。许多宝石内部包含难以置信的、可以形成光线反射的形体，如棱柱和球体。

他的作品 Geothit（图 3.186）是一件光学杰作，宝石的切面、石英的包含物在观者眼前大量呈现，创造了类似在三棱镜中观看到丰富景象的独特效果。多重切割宝石的反射特性呈现出一件华丽而又深厚的作品。

作品《魔眼》（Magic Eye）是汤姆·蒙泰纳着迷于探索视知觉最好的呈现，在宝石内部雕刻出三个连续的球体"气泡"，用来显示光线是如何通过凸面透镜的。光线可以从宝石背面反射到内部，使得宝石从正面看起来仿佛内部盛开着美丽的花朵。他让石头的其余部分完全光滑，并把它嵌入薄金框中，留下了让人深思的空间（图 3.187）。

汤姆·蒙泰纳的作品风格和其父亲的不同，他在基本几何形设计的背面切割半球形的负形，而不是切割成圆形或方形。宝石的光学特性使其发生折射和反射，会产生出有趣的三维效果，他总是激情满满地将宝石切割成可以实现的任意想法。

科学技术的发展是当代艺术首饰发展的助力，数字技术是当下发展的重要趋势，而技术的进步也产生了全新的事物，电铸工艺和阳极氧化工艺都是技术发展的结果，这些工艺是传统首饰中不具有的，甚至传统首饰中常规的宝石切割也因为技术的进步而发展，新的切割技术给宝石造型带来了创新，从而让首饰出现了全新的面貌。依托科技创新的创作理念为当代艺术首饰带来了纯理性的思考与表现力。

图 3.186（左） *Geothit*（汤姆·蒙泰纳）

图 3.187（右） 戒指（汤姆·蒙泰纳）材质为宝石、18K 黄金。

## 第九节
# 超越静止
### Section 9　Beyond Stillness

首饰佩戴在人体之上不可避免地会随着人的移动而产生运动。一件首饰在静态陈列和实际佩戴时会产生巨大的差异。使用者佩戴时，光线会穿过金属材质的表面，首饰会随着身体的运动而产生运动。运动赋予首饰以活力，对于佩戴首饰的人来说，运动可以为其提供令人愉悦的元素，因为不同的首饰部件在身体上一起运动会产生悦耳的声音。"运动艺术"一词已经应用于从运动的作品到提供强烈视网膜刺激的作品。

美国艺术家亚历山大·考尔德（Alexander Calder）是积极进行动态首饰创作实践的重量级艺术家，他用动力装置运动的艺术语言创作首饰，他的作品跨越艺术与首饰的边界，利用机械性装置与之完美平衡，开创了新的首饰风格。考尔德将"活动雕塑"风格运用于首饰中，他是动态首饰创作理念的引领者。

瑞切尔·蒂厄斯（Rachelle Thiewes）是美国得克萨斯州埃尔帕索大学的名誉教授，她设计的首饰旨在用运动吸引佩戴者，使佩戴者成为艺术积极的参与者。运动、声、光、秩序是她作品中不可或缺的元素，她的首饰体现了身体运动的节奏。蒂厄斯精心打造的胸饰和项链由简单的石板和银元素构成，所有的元素都自由地悬挂并结合在主体结构之上，随着主体的运动而运动（图 3.188、图 3.189）。

图 3.188（左）胸针（瑞切尔·蒂厄斯，1992）
材质为银，40 厘米 ×30 厘米 ×35 厘米。

图 3.189（右）项链（瑞切尔·蒂厄斯，1995）
材质为银、石板。

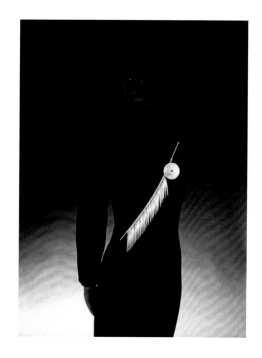

蒂厄斯在作品中运用动作来表现无处不在的音乐，以此表达她家乡新墨西哥州常见的风景——风吹过仙人掌沙沙作响的声音。艺术家最关注的是首饰，追求的是纯粹的动态雕塑。1982年，蒂厄斯创作一款优雅的耳环，在这款作品中，一组细长的花瓣状的形状被刺穿并悬挂在具有夸张曲线的弓形耳线上。这款耳环在不使用的时候悬挂在有机玻璃支架上，与考尔德的运动雕塑优雅地相呼应。考尔德的作品可以自由地回应他的审美意图，但蒂厄斯的雕塑首饰却受到表演需求的约束。在回答这个需求时，蒂厄斯扩展了动态的概念，以实现她自己的另一个意图，即创造作为"一个人身体自我的延伸"的形式，佩戴者还必须对运动的潜力承担责任。身体不是作为静态的底座，而是作为移动的盔甲，一个动态和互动的元素。尽管蒂厄斯对运动的关注可能会被放在以奥托·昆兹利、皮埃尔·德根和卡罗琳·布罗德海德为代表的前卫首饰领域中，但她的作品仍具有传统首饰的所有经典标志。她的首饰由贵重的材料制成，尺度还相当小，基本上可以作为抽象的"魅力"来解读。然而，由于其对运动关注的深刻性，蒂厄斯的作品需要一个超越传统首饰的分类。很明显，蒂维斯对运动的关注，将她的作品置于动态艺术的语境中。

弗里德里希·贝克尔（Friedrich Becker，1922—1997）是动态首饰的推崇者，是最为著名的当代艺术首饰大师之一。他曾为杜塞尔多夫工艺美术学校的教授，作为一名国际知名的首饰艺术家，为个性化、艺术化的首饰设计制定了新的标准。从20世纪70年代起，他改变了工作室首饰文化，尤其是在德语国家。贝克尔采用清晰的、建构主义的形式和设计语言，以独创的不可见的"张力镶嵌"方式来固定宝石，以及在首饰中实施动力学思想，为其赢得了国际关注。直到1997年去世，他一直致力于将首饰行业认知为一门艺术学科，但没有否认其局限性和传统性。他对20世纪下半叶的金匠艺术产生了决定性的影响。贝克尔一生中获得无数重要奖项，其作品获得了全世界最高的荣誉，被众多国际著名的博物馆收藏。同时，贝克尔也是"张力镶嵌"的创始人，曾被英国皇家艺术学院追授荣誉博士学位。1999年，德国金工协会为表彰贝克尔在金工领域的杰出贡献特设立弗里德里希·贝克尔奖（Friedrich Becker Prize），以奖励那些追寻极致匠人精神、力求创新的杰出首饰艺术家与设计师们。

贝克尔曾完成了航空工程专业的学习，是一名出色的航空工程师。航空工程师的经历赋予了他独特的视角来创作艺术首饰，成功地将机械构造与首饰相融合。贝克尔设计的动态首饰得到了广泛的认可，这些首饰带有运动部件，超越了传统首饰固有的静态呈现方式。他精湛的技术和动态的首饰形式使他在世界艺术首饰史上占有特殊的地位。由于身体的运动和不同的照明条件，他精心校准的旋转部件其透明度和反射率会受到影响。一个突出的例子是他的银和亚克力戒指，旋转轴需要与佩戴者的手的姿势一致（图3.190、图3.191）。以齿轮和

杠杆为骨，以金属与亚克力为血肉，他赋予其首饰以独特的精神，以这样的形式，他前不见古人地在首饰中引入了第四个维度——时间。从此，首饰不只是静止的三维物体，更是可随着时间流逝而产生不同运动的四维时空，为后来的首饰创作者开启了动态的新方向。

首饰艺术家安东·塞普卡（Anton Cepka）1936 年出生于捷克斯洛伐克，是 20 世纪最重要的首饰艺术家和第二次世界大战后工作室首饰运动的主角。他被认为是捷克斯洛伐克首饰设计师的先驱。他的作品出人意料地发挥了"运动和光"的作用，表达了对今日超设计世界的反映。塞普卡经常选用的材料是白银、光学玻璃、石头和有机玻璃。他创造了全新的胸针和吊坠形式，首先是通过浮雕，后来几乎成为雕塑件，营造了一个新的空间概念。雷达、天线、飞机、卫星和行星等具有未来感的航空元素与白色的银反映了当前科技的进步和时代的特征（图 3.192、图 3.193）。这些物品全部用钻、锯、锉等手工切割制作完成，它们见证了塞普卡的高超技艺。2015 年 3 月 14 日至 6 月 7 日，在塞普卡 80 岁生日之际，德国慕尼黑现代艺术陈列馆和国际设计博物馆举行了"安东·塞普卡动力学首饰"展览。展馆首次展示了塞普卡在 1963 年到 2005 年之间创作的 180 件左右的迷人作品，回顾性地分析了他非凡的首饰艺术生涯。

美国首饰家琼·帕彻（Joan Parcher）的首饰作品《石墨钟摆》（图 3.194、图 3.195）也是运用运动理念进行创作的。石墨吊坠随着佩戴者的运动而摇摆，在胸前涂抹出一片黑色的污迹，这样运动和佩戴者便成为艺术品的一部分。帕彻的极简吊坠作品采用的是一块车床加

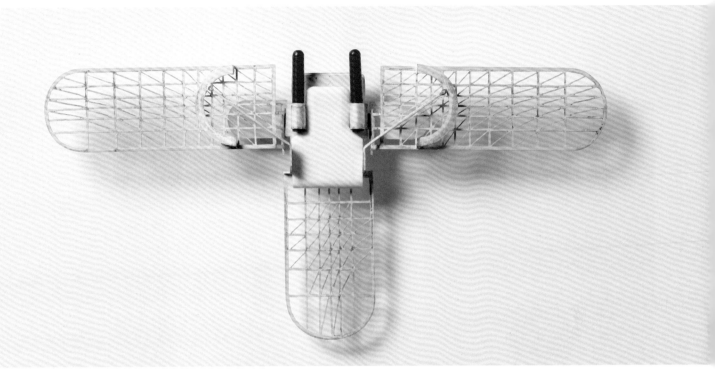

图 3.192（上） 胸针（安东·塞普卡，1989）
材质为银。

图 3.193 胸针（安东·塞普卡，1969）
材质为银。

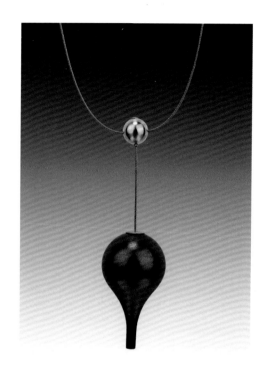

工的石墨，而不是宝石，它低调且优雅地掩盖了艺术家具有颠覆性的意图。佩戴时，佩戴者的动作会使石墨轻轻摆动，留下痕迹。当材料刮到衣服表面时，这件作品不断地磨损，颠覆了我们认为首饰是珍贵传家宝的想法。这是一件受钟摆启发创作的作品，体现时间与身体的关系。作者认为时间不过是一个幻觉，这件作品激励人们珍惜当下。

帕彻的项链让我们重新思考首饰和我们通常认为的与身体之间理所当然的关系。在石墨吊坠摆动过程中，帕彻提醒观众，一个人认为的垃圾可能是另一个人的财富，她使用从垃圾场收集的材料，而不是传统的宝石或贵金属，其作品挑战了首饰是贵重的和作为装饰品的观念。

金工艺术家安妮卡·斯莫洛维茨（Anika Smulovitz）是美国博伊西州立大学艺术系教授。斯莫洛维茨曾为北美金匠协会董事会成员，她的作品曾在国内和国际上众多展览中展出，并被众多出版物收录。她在作品中探讨在静态物体中捕捉运动的视觉问题。通过引用 19 世纪和 20 世纪早期运动身体的艺术主题，她试图对运动和时间的关系进行思考。《运动中的身体》系列作品（图 3.196）重点参考了艺术家艾提安－朱尔斯·马莱（Etienne-Jules Marey）和艾德沃德·梅布里奇（Eadweard Muybridge）的摄影、意大利未来主义的艺术品以及前文提到的当代首饰艺术家瑞切尔·蒂厄斯和琼·帕彻的作品。

图 3.197 为斯莫洛维茨创作的表现身体运动中的首饰。在佩戴的时候，首饰随着人体的运动而移动，人与首饰的互动让静止的首饰产生运动的趣味。她通过在胸针的容器中注入液体，并在下方设立开口，让首饰里的液体随着身体的移动而改变移动的路径，将我们佩戴首饰的运动轨迹可视化，呈现身体的一举一动，使佩戴者成为首饰一个积极的参与者（图 3.197）。与这件首饰互动，佩戴者需要全神贯注和智慧，它锐利的外形会刺激佩戴者进入紧张状态，并提醒他们自己的行为会带来的后果。

作为一位首饰家，斯莫洛维茨对物体和佩戴者之间的关系特别感兴趣，她的首饰是探索自我意识的创造力和对个人身体结构的理解。她的作品探讨运动中的身体，使佩戴者通过感官成为一名积极的参与者。这些作品记录的线路不仅是身体的运动，也是一种私密的、佩戴

图 3.194（左）吊坠《石墨钟摆》
（琼·帕彻）
材质为石墨、银、不锈铜丝。

图 3.195（右）吊坠《石墨钟摆》
（琼·帕彻，1991）
材质为石墨、不锈铜丝，高 7.5 厘米。

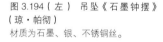

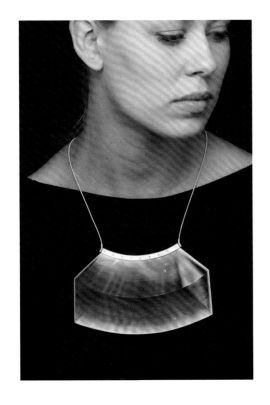

图 3.196（左） 项圈《运动中的身体》（安妮卡·斯莫洛维茨，2007）
材质为纯银、18K 黄金、透明膜。

图 3.197（右） 胸针（安妮卡·斯莫洛维茨，2007）
材质为银、18K 黄金、水彩、细绳。

者和物体之间的互动体验。斯莫洛维茨的作品兼具学术性和艺术性，借鉴了金属和首饰领域的丰富历史，她的作品直面权力、美、宗教和文化价值，同时洞见材料文化与当代社会之间的关联。她目前的研究主要集中于材料的非中立性、身体和装饰问题。

　　当代首饰在运动方面的尝试，在相当程度上是受到运动艺术（Kinetic Art）的影响。将运动与首饰结合是首饰理念的一种创新，当代首饰创作者以运动来表达各种各样的主题和思想。运动为当代首饰增加了一个独特的动态维度，让原本静止的三维空间多出了动感的时间之维度。这种以运动为主导的创作理念革新了首饰的传统，将首饰的定义再度拓宽，深刻地影响了后来的当代艺术首饰创作者。

第十节
# 跨越界限
*Section 10    Crossing Boundaries*

1960 年以来的各种艺术运动，如波普艺术、极简主义、环境艺术、公共艺术等都能在当代艺术首饰作品中找到反映。跨越界限是当代首饰的另一个主要探索领域，当代艺术首饰创作者探索诸如光学幻觉、运动、行为艺术、装置艺术等，创作了许多大型作品吸引观众的参与，邀请或要求他们移动和操纵首饰元素。这类首饰把观众变成参与者，从被动的观者变成积极的合作者。首饰提供了直接的互动体验，参与者把首饰放在身体上，调整动作或姿势会立即引起反应。

当代首饰的另一个探索领域是公共艺术。可以说，所有的首饰都是公共艺术的一种形式。它发挥着作为实体广告牌的作用，相当于佩戴者每天都会在公共场合发表私人声明。艺术所具有的娱乐、教育、纪念等诸多功能在首饰中都得到了充分的发挥，即使是最复杂的哲学问题也可以用首饰的方式来解答。

瑞士艺术家皮埃尔·德根（Pierre Degen）的创作野心是营造一个个人的环境，在这个环境中佩戴者能够和环境融合为一体。

德根是用混合材料如木材、金属和布料等多种材料进行创作的艺术家，1982 年底英国摄政街下游的手工艺理事会画廊展示了他的新作品。这些作品的创作理念非常超前，它们的设计和装置在概念上是激进的，展览中一度引起了混乱，人们认为这些作品做得太过分了，完全没有边界，简直不是首饰。但是这些作品体现了实验、表演和装置作品在当代工艺景观中的存在。德根展示了许多机智且富有挑衅性的组合，包括棍子、梯子、现成的马蹄铁和供"穿戴"用的超大气球。当时的手工艺委员会主任维克多·玛格利（Victor Margrie）回忆，这场展览被认为是离纯艺术太近了，需要在纯艺术和首饰之间划分一条明确的界线[1]。德根认为首饰创作应该是没有限定的，创作者可以自由地选择材料和工艺。正是这种对材料和工艺的随心所欲的想法，使德根创造了一些当时最具创新性的首饰。他使用有机玻璃、电脑芯片、锡罐、葡萄酒软木塞等多种材料进行创作，甚至将作品的阴影融入视觉体验。

德根超越了自己的传统训练，创作了巨大的可以戴在背上的螺旋桨以及用于搬运的梯子，对他来说，一切都没有规则。他质疑首饰的尺度，提出为什么是人佩戴首饰，而不是首饰佩戴人。在 20 世纪 80 年代初，德根通过大幅度扩大作品的尺度，继续探索物体与佩戴者之间的关系。1982 年，他在伦敦工艺委员会画廊举办的一次展览中，创作了一些颠覆了穿戴者和观看者观念的物品。他让模特背部戴着一个巨大的齿轮、一个装满园艺工具和一捆毛刷的背包，艺术材料精致性的观念受到了挑战。一个涂得很漂亮的梯子扛在佩戴者的肩膀上，唤起人们对实用性、装饰性和首饰作为象征使用的思考。这些作品可以被视为"超大首

1    Peter Dormer, Ralph Turner, *The new jewelry: trends + traditions* (London: Thames and Hudson, 1994), p.149.

饰、便携式雕塑，甚至是没有明确用途的工具"，但作为首饰家的德根关键在于探讨物体与身体的关系。这些物体是用来穿戴的，即使只是很短的时间，它们不是纯粹的雕塑。但是这些物品不一定能被舒适地佩戴，因为强调物品与佩戴者的关系并不是德根的目的，他的作品中融入了表演艺术或戏剧艺术。

德根的作品关注的是物体与身体、材料和戏剧的关系。他创作的大型身体作品的道具式特征，可以看作是德根职业生涯新发展的前奏。他的职业生涯是对首饰基本关注点的一系列探索：材料、工艺、珍贵性、象征性、对象与佩戴者的共生关系等。首饰对创作者和佩戴者来说是一种亲密的艺术。他用个人环境和大循环持续地调查了当时首饰创作者提出的紧迫问题，即对于一件被称为首饰的物品，它的条件（最小或最大）是什么？这些异想天开的、另类的物体展示了所有对材料、结构和细节的敏感性，而这些都是只有熟练的金匠才能创造出来的。他审视了这个问题，并将这个问题与时代背景联系起来，部分原因是他提到了杜尚（Duchamp）和超现实主义者几十年前提出的某些立场。他在寻找好奇的首饰创作者——"人体工作者"，可能是一个更准确的描述，把全身作为构筑、运输和物品搬运的场所。德根对首饰的局限性和可能性进行了最好、最具挑衅性的探索，他的挑战在于规模、材料、背景以及重新处理早期艺术关注点，如装配、现成物、身体装饰（标记）、黏着性和偶然性。德根关注的是身体问题和首饰概念的界定，他重新定义了首饰，形成了一个开创性的创作理念，确立了一种新的当代艺术首饰语汇（图 3.198、图 3.199）。

在当代工作室首饰场景或新首饰路径之外，前文提到的个性独特的首饰创作者汤姆·萨丁顿将自己焊接在一个 6 英尺长的不锈钢翻盖香烟盒中，装上卡车运往布里斯托尔的阿诺菲尼画廊，在那里合作者用圆锯将其打开，使他得以逃脱。这次创作源于 1978 年的一场演出，当时他把自己焊接在一个巨大的不锈钢锡罐里，然后用一个巨大的开罐器将自己放出来。萨丁顿通过这件作品主张进入珠宝首饰内部佩戴的理念。这些作品跨越了首饰与行为艺术的界限，是当代艺术首饰的一个有趣的经典代表。

丹尼尔·拉莫斯·奥布雷贡（Daniel Ramos Obregon）是当代艺术首饰领域的跨界者，哥伦比亚设计师、时尚艺术家。他本科毕业于哥伦比亚波哥大安第斯大学传达设计专业，并于 2010 年留学瑞典斯德哥尔摩工艺美术学院纺织系，2014 年毕业于伦敦时装学院知名的时尚制品专业，获得艺术硕士学位。奥布雷贡的作品探索"自我"的不同概念，人们识别自我的方式以及身体中结构的体现。他的作品 *Outrospection*（图 3.200、图 3.201）的概念最初由哲学家和学者罗曼·克鲁兹纳利（Roman Krznaric）提出，其主张人为了了解自己必须朝外生活，体验生活，发现并塑造自我。奥布雷贡的创作理念是把体外经验和人体投射联系起

图 3.198 个人环境（皮埃尔·德根，
1982）
材质为木、细绳，140 厘米 ×140 厘米。

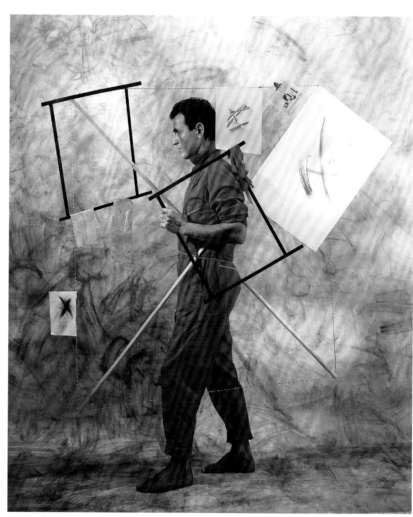

图 3.199 个人环境（皮埃尔·德根）
材质为木、细绳。

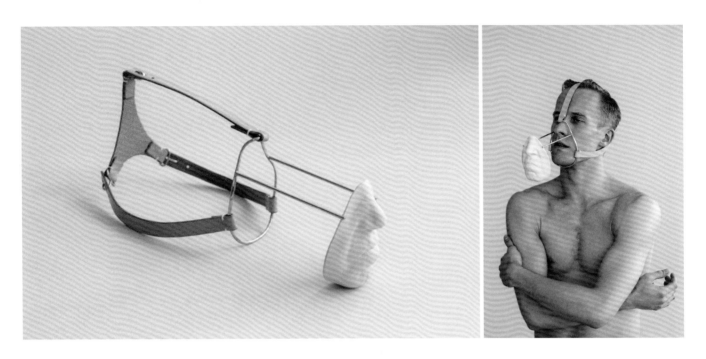

图 3.200　身体装饰《展望：身体和心灵》( 丹尼尔·拉莫斯·奥布雷贡，2014 )
材质为陶瓷身体铸件、镀金黄铜、木、皮革。

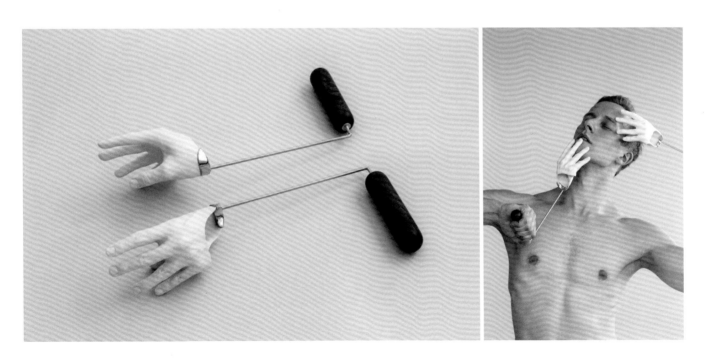

图 3.201　身体装饰《展望：身体和心灵》( 丹尼尔·拉莫斯·奥布雷贡，2014 )
材质为陶瓷身体铸件、镀金黄铜、木、皮革。

来，试图用隐喻的方式来表达——把内在心灵投射到身体之外，作为自我表现和表达的一种方式。他的作品主要采用陶瓷身体铸件、黄铜镀金金属框架、哥伦比亚金木手柄、植物鞣制皮革护带。通过奥布雷贡的作品，人们可以从概念、美学和完全可穿戴的角度探讨时尚、雕塑和表演艺术之间的跨学科关系。

　　海德·德克尔（Hilde de Decker）1965年出生于比利时根特，曾在比利时圣卢卡斯学院学习室内设计与首饰设计。她专注于探索跨越首饰与艺术的装置作品，1993年，海德·德克尔获得阿莱西（Alessi）银匠奖，并获亨利·德韦尔德奖（The Henry de Velde Prize）青年人才提名，从2000年起德克尔执教于荷兰阿姆斯特丹的格里特·里特菲尔德学院，她的作品被众多公共机构收藏。海德·德克尔将园艺作为一个开放的首饰艺术实践。受报纸上一枚婚戒丢失20年后被找到时已长于土豆中这一报道的启发，海德·德克尔创作了一个大型的装置作品，她亲自在玻璃温室内种植了大量的番茄、青椒、茄子等，用作佩戴戒指的素材。在这一过程中，她必须学会选择和培育植物，以及挖土、翻垄、除草、通风、浇水、施肥等工作。她研究了大量文献，了解如何让茄子生长、治病以及捆扎藤蔓，并从园艺师那儿获取建议，克服不可预期的障碍，了解植物生长的诀窍和特征——这是海德·德克尔这个艺术项目的初始理念。她还要反复测试植物与贵金属的连接方式，尝试在植物上打孔，或用金片和银丝加以组合。在创作过程中，她需要先把首饰套在刚刚成形的娇嫩的果实上，并且每天悉心调整首饰和果实之间的成长关系，依据植物的生长周期创造新的首饰（图3.202、图3.203）。经过多次尝试后，海德·德克尔最后制作出了植物化的首饰，又或者也可称之为培育出了首饰化的植物。等到水果长进戒指再采摘，人们实际购买到的是装着水果和戒指的罐子。这个

图3.202（左） 行为装置首饰（海德·德克尔）
材质为蔬菜、银。

图3.203（右） 行为装置首饰（海德·德克尔）
材质为蔬菜、银。

作品是植物生长自然环境的装置。这些水果作品会让人产生歧义的想象，反映了海德·德克尔对自然和人工的思考。

苏珊娜·海伦（Susanna Heron）是 20 世纪七八十年代新首饰运动的关键人物，她认为艺术是有生命的，无论渺小还是伟大，都是创意的缔造者。苏珊娜·海伦的作品在艺廊或公共空间展出，她想在人们生活里呈现安静、集合、多维的概念，采用人的尺度、互动、欲望、触觉、美、光、自然、绘画、工艺、散文、摄影和音乐来达到这一目的（图 3.204）。苏珊娜·海伦的作品实现了多元跨界，1981 年，她在可穿戴式的大标题下创作了一系列的作品，它们标志着她在首饰领域开拓了一个新的雕塑方向。她提出不同实践之间的区别是有价值的，这模糊了艺术与工艺之间的界限。穿戴这些作品的体验让人既吃惊又意外，它们带给人们一种意识和空间感受，这种感受既抽象又美艳。苏珊娜·海伦的可穿戴作品是关于装饰艺术的非凡案例，尤其是这里展示的蓝色和红色的帽子（图 3.205），她要追求的显然是观赏而不是穿戴。

玛霄瑞·希克（Marjorie Schick）1966 年毕业于印第安纳大学伯明顿分校，获硕士学位，自 1967 年开始，持续在堪萨斯州匹兹堡州立大学任教，20 世纪 60 年代末她在首饰领域就已有重大影响。希克在 20 世纪 80 年代，利用颜色、形状、人体和佩戴者眼前的空间节奏创立了独特的首饰形式，创造了雕塑般的纸质形态和线性"可穿戴首饰"。希克的灵感来自大卫·史密斯的雕塑作品，其首饰和雕塑作品因为颜色和材质的变换对观众具有强烈的影响和吸引力（图 3.206、图 3.207）。

希克致力于打破首饰与雕塑的界限，融合出自己的独特风格。希克对身体进行探索，创

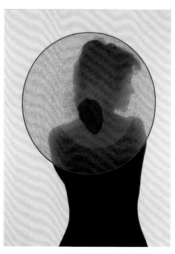

图 3.204（上）  光影首饰（苏珊娜·海伦）

图 3.205（下）  可穿戴物品（苏珊娜·海伦，1982）
材质为网架上的棉，直径 46 厘米。

图 3.206（左）身体雕塑（玛霄瑞·希克，2008）
材质为帆布、木、彩绘，直径 111.8 厘米、厚 1.3 厘米。

图 3.207（右）可穿戴项圈（玛霄瑞·希克，1988）
材质为纸浆、彩绘。

造出了一些最具包容性的结构，她的建构作品实际上是把穿戴者包裹在一个材料形成的茧里，这些富有挑战性的作品重新定义了人体的轮廓，可以让佩戴者和首饰的形状建立一种全新的亲密关系。佩戴者不仅成了雕塑的一部分，也能感觉到自己的身体美学，作为一件艺术品加入这些杂糅的当代艺术形式。她的作品融合了装饰品、雕塑、行为艺术和多感官的体验。希克将雕塑般的质感和鲜亮的颜色合二为一，其作品与佩戴者极其完美地结合起来，大胆跨界尝试让首饰具有了独特的风格和艺术品位。

英国当代首饰家卡罗琳·布罗德海德（Caroline Broadhead）能够轻松地跨越许多领域，包括首饰、纺织品、家具、装置等，甚至与现场表演者合作。她曾受训于英国伦敦中央艺术与设计学院，于 1997 年获得杰伍德应用艺术纺织品奖，并曾在英国中央圣马丁学院担任首饰和纺织品项目总监和首饰设计学士课程负责人近 10 年，直到 2018 年退休，退休后作为名誉教授继续教授首饰课程，并在英国国内外多所院校担任客座讲师，还在世界各地的机构举办讲座，积极推广当代艺术首饰。2018 年 4 月 15 日，荷兰阿佩尔多恩的科达博物馆举办了卡罗琳·布罗德海德的回顾展，该展览展示了她跨越 40 年深入探索人和人体的作品。多年来，她一直关注与身体接触并与之互动的物体，其作品中反复出现的主题是个人或物体的边界、表面与内部、存在与缺席、公共与私人、领土感和个人空间的定义。她的作品被包括荷兰阿姆斯特丹的斯特德里克博物馆、日本京都的现代艺术博物馆，以及英国伦敦的维多利亚和阿尔伯特博物馆等在内的公共收藏机构收藏。

作品《面纱》（图 3.208）是布罗德海德的代表作。这件作品由尼龙丝编织而成，可以作为项链佩戴，也可以拉开变成一个通透的面纱，形成一个空间。这件作品的灵感来自布罗德海德一次从伦敦到肯尼亚的旅行，当时她偶然看到的马赛人和图尔卡纳人佩戴的首饰使她大吃一惊。她亲眼看到首饰扮演着不同的角色，这扩展了她的想法。她尝试以当地编织篮子的技术，用尼龙进行创作，起初没有成功，直到她拿走了支撑尼龙的支柱，才发现结构可以被操纵和改变。当佩戴者把"面纱"绕来绕去，它会变得更硬、更透明。正是通过实验和使用这种结构，布罗德海德才得以创作出这件作品。

布罗德海德利用身体周围的空间作为一种活性成分来尝试创作，她对一件首饰或衣服看起来不能穿戴感兴趣，然后通过形象、表演或想象来展示它们的可穿戴性，她对具有不止一个身份的物体和可能激发特定运动或互动的物体感兴趣。布罗德海德主动挑战物体的不同身份，通过跨界的方式来探索实验，作品 *Wrapparound*（图 3.209）就是这种方式创作的典型。该作品给了观者一种运动和重复的感觉，好像一个不在场的穿戴者为了穿上衣服不得不反复地把胳膊伸进袖子里。从首饰到服装的过程是一个相当合乎逻辑的发展，尽管不是完全有意识的，袖子——在身体上占据了更多的空间，与衣服产生了很强的关联。这些作品强调与观者的互动、处理和表现。长袖的衬衫和包裹的衣服表现了一种重复动作，与穿衣服有关，引起袖子拉起和胳膊放入动作的联想。

2011 年，在布罗德海德在与安吉拉·伍德豪斯（Angela Woodhouse）的几位舞者合作的项目中，他让一位女士在脖子上佩戴一串珍珠，直到它绷断。布罗德海德解释道："安吉拉和我之间合作的舞蹈表演，探索的是舞蹈演员和观众之间的关系、服装和皮肤之间的关系。在无声中表演时，一条珍珠项链断裂，珠子散落在地板上发出声音，造成了现场气氛紧张。在我的大部分作品中，身体，或者更准确地说，人是一个关注点。我用首饰、衣服、椅子、阴影和反光进行

图 3.208 《面纱》（卡罗琳·布罗德海德，1983）
材质为尼龙单丝，45 厘米 ×25 厘米。

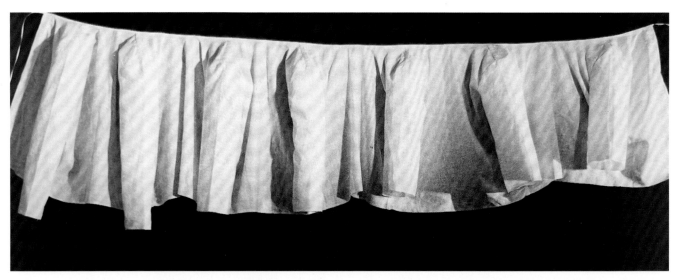

图3.209 身体装饰《Wrapparound》
（卡罗琳·布罗德海德，1983）
材质为丝绸，2.5米。

创作，所有这些都有一种存在感，它们与人身体的关系是作为发现自我的一种手段。"

布罗德海德还思考了物质在遇到生命痕迹时是如何变化的，她对身体和装饰身体关系的关注，挑战了首饰的传统定义。布罗德海德的创作理念是：物体不只是一个事物，具有不止一个身份，有些物体是为了适应穿戴而改变的，而另一些则是为了探索结构与表面之间张力而存在的。布罗德海德涉及纺织艺术、装置艺术、家具、摄影甚至表演的多学科作品所展开的叙述是首饰背后的原理，特别是对装饰和身体之间敏感的关系，这些似乎渗透到了她的作品中。布罗德海德很好地实践了跨界的创作理念，她作为顶级艺术院校首饰部门的负责人，在世界各地传播她的创作方式，让跨界的首饰创作理念得以深入人心。

前文介绍过的美国首饰家弗洛拉·布克也是跨界的典型。布克装饰身体的作品跨越服装与首饰两个领域，她挑战传统首饰的体量及佩戴方式，用类似服装的大体量首饰来探索首饰与服装概念的更多可能性，通过模糊首饰与服装的界限，促使人们对首饰创新有更多思考。

　　以上这些首饰创作者都运用了跨界的思维，让观者可以在首饰之外进行评论和反思。当代首饰正如所有前沿艺术一样，最终都是不断打破原有定义的边界，实现与各种艺术的跨越和融合。创作者运用这个方法来提升他们自己的能力，并面对更严酷的现实和顽固的传统。这种创作理念一定还会有后来者持续地探索。事实上，大部分首饰创作者都在探索思想，因此，他们的作品提供了许多批评、辩论、接受或拒绝的可能性。这一章论述了首饰史上最激进的创作理念，这些首饰创作者们都在进行着前沿的实验，且具有极强的前瞻性。随着定义的拓宽，首饰获得了一种新的艺术地位，通过使用跨界的理念进行变革，使首饰成为一种表达自我的工具。

# 欧美当代艺术首饰关键人物及其创作理念

Chapter 4　Key Figures and Creative Concepts of Contemporary Art Jewelry in Europe and America

在当代艺术首饰历史发展的进程中，有许多重要的人物，他们积极实践、大胆探索，用各种各样的创作理念革新了首饰的面貌，本章分别从美国和欧洲介绍其中的关键人物。这些人物是依据其对当代艺术首饰领域的影响力为标准进行选择的，可以毫不夸张地说，没有他们当代艺术首饰就不会发展成今天的面貌。这些人物是先驱，是前卫、先锋创作理念的倡导者，他们分布在欧美各地，有着各自独特、强大的影响力，他们是当代艺术首饰发展演进过程中不可或缺的人物，同时也是公认的当代艺术首饰大师。

美国当代艺术首饰的关键代表人物有亚历山大·考尔德、玛格丽特·德帕塔（Margaret De Patta）、阿琳·费什（Arline Fisch）、玛霄瑞·希克（Majore Schihck）、罗伯特·埃本多夫（Robert Ebindorf）等。

欧洲当代艺术首饰的关键代表人物有赫尔曼·荣格、奥托·昆兹利（Otto Kunzli）、赫斯·贝克（Gijs Bakker）、格达·弗洛金格（Gerda Flockinger）、大卫·沃特金斯（David Watkins）、鲁·彼得斯（Ruudt Peters）、马里奥·平顿（Mario Pinton）等。

## 第一节
## 美国当代艺术首饰关键人物

Section 1　Key Figures in American Contemporary Art Jewelry

### 一、亚历山大·考尔德

亚历山大·考尔德是美国20世纪最杰出的艺术家之一，是20世纪当代城市环境及公共艺术作出杰出贡献的领航者，也是当代艺术首饰史上不可或缺的人物。作为美国艺术家的考尔德，他的艺术创作理念却受到了欧洲艺术的强烈影响。他曾移居巴黎，在那里他结识了杜尚、米罗、阿尔普等很多当时著名的艺术界朋友，这些艺术家都对他的创作起到了或多或少的影响。考尔德以"运动性"的雕塑作品著称。考尔德创作的首饰作品大多被收集在由亚历山大·洛瓦（Alexander Rower）编辑的《考尔德的首饰》一书中。考尔德是当代艺术领域的开创性人物，他在首饰领域的地位不可替代，其首饰和雕塑的创作理念一脉相承，他动态雕塑的盛名可能掩盖了其作为首饰先驱者的光辉，他的艺术理念对当代艺术首饰的发展起到了重大的推动作用。

考尔德的首饰相对于传统首饰有着诸多新的突破，具体表现为以下几点：

首先，考尔德善于从其他艺术流派中汲取养分，并将这些流派的风格融汇于首饰当中。1930 年，考尔德拜访了皮埃特·蒙德里安的工作室。蒙德里安的抽象艺术给了考尔德很大的启发，从那时起他的艺术理念就发生了重要的改变，转向了抽象艺术。他和很多巴黎超现实主义代表人物之间的友情，也让他受到了一些超现实主义运动的影响，包豪斯代表人物对功能性的追求和作品的抽象表现的艺术理念也对考尔德的艺术风格产生了巨大的冲击。20 世纪 40 年代后期的现代艺术运动发展的另一个主要趋势是原始主义，受此影响，这一时期考尔德开始对金属丝和金属片进行直接处理，原始主义的螺旋形被大量地运用在他的首饰作品中，如图 4.1 ~ 图 4.3 的雕塑作品中就

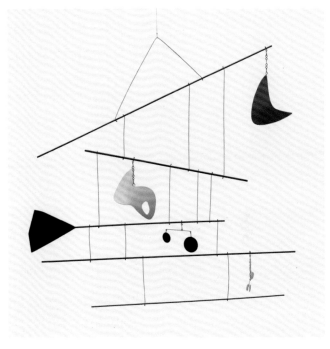

图 4.1（上）雕塑（亚历山大·考尔德，1950）
材质为金属、线材、棒材、油漆，45.5 英寸 ×45 英寸 ×32 英寸。

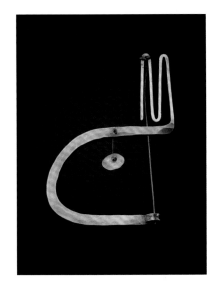

图 4.2（左）胸针（亚历山大·考尔德，1950）
材质为银、钢丝，5 英寸 ×4 英寸。

图 4.3（右）手镯（亚历山大·考尔德，1930）
材质为黄铜、银、钢丝，2.75 英寸 ×2.75 英寸 ×2 英寸。

运用了螺旋元素和轻盈的造型，如蛇形、环形、螺旋形等，突出了对原始主义风格的追求。

与大多数20世纪早期的首饰艺术家相比，他的作品更具有原始性和有机感（图4.4、图4.5）。这些原始元素在青铜时代、凯尔特人时代、前哥伦比亚时代和非洲的部落艺术中已

图 4.4（上）项圈（亚历山大·考尔德，1937）
材质为银丝；圆环 14.5 英寸，主体 12 英寸 ×17 英寸。

图 4.5（右）项圈（竖琴和心）（亚历山大·考尔德，1937）
材质为黄铜，环 40 英寸、元素 6.25 英寸 ×4 英寸。

被广泛运用。考尔德被这种直接的、质朴的手工技术所吸引，他偏爱把这些元素融合在自己的艺术创作中，特别是他对螺旋形、圆形、"之"字形、波浪形的运用。考尔德首饰作品的特点是凸显原始的制作技巧和风格，运用较少的技术，表现一种质朴之美，抽象的线条和结构、形式多样的组合创造了更多的空间变化，抽象的几何造型是对形体的描述。考尔德作品的灵感大都来自大自然，这使得他的首饰作品与其他艺术家们的作品有着巨大的区别。考尔德感兴趣的是抽象概念，特别是从超现实主义那里借鉴的天马行空的幻想，以及包豪斯功能性的思想，从而影响到了美国"可佩戴艺术"运动的代表人物的作品。

图 4.6  动态雕塑《孔雀》( 亚历山大·考尔德，1941 )
材质为金属板、金属丝和油漆，36.5 英寸 × 49.5 英寸。

其次是考尔德突破了静止的动态首饰。他最为著名的是他的"动态"雕塑，他的运动雕塑能表达其思想的变化，通过这种方式，一件运动的雕塑和一件运动的首饰具有同样的潜能，来展示运动过程中的潜在变化和各种各样的效果。也就是说，没有运动的作品就无法存在。如他的作品《孔雀》( 图 4.6 )，当把这件作品放入一个空间时，它像是一件与身体没有关系的首饰。当被悬挂时，它依靠空气自身的流动而发生运动，此时作品的动态性成为最突出的特征。考尔德的作品创作方法很独特，他将各个形体通过铆接的方式连接，而不用传统的焊接方式。他的其他首饰作品更多的与包豪斯等现代艺术运动相关联，包豪斯的首饰领域主要代表人物是那奥姆·斯鲁特斯基（Naum Slutzky），他把几何框架和实用主义特征结合起来创作作品。考尔德的首饰作品与斯鲁特斯基作品间有着强烈的关联。考尔德的首饰作品或许受到斯鲁特斯基的启发，运用着同样的创作理念，当首饰被佩戴时，佩戴者的身体触发了首饰，作品发生了质的变化。考尔德的首饰作品和运动雕塑中最典型的部分是作品中动力的延伸效果，当人们佩戴他的首饰作品时，会有一个完全不同的感受，如静止的框架作品被佩戴在人体上时，立刻充满了生机，特别是伴随着佩戴者的运动，作品具有了很强的动态美感。

最后是考尔德创新地选用另类材料。1929 年，他在纽约五十六大街画廊举办了自己的

图 4.7 佩戴亚历山大·考尔德首饰
作品的裴杰·古根海姆

个展——"亚历山大·考尔德：油画、木雕、玩具、金属雕塑、首饰、纺织品艺术展"，展览的主题已能够充分地说明他作品材料和种类的多样性。考尔德对艺术作品的材料进行研究与创新，他大胆尝试运用不同的材料来创作，如石材、破碎的陶瓷片、玻璃、金属丝、软木、锡罐和纸张等，他将贵重材料和非贵重材料的组合使用。贵重材料与廉价材料结合使用的方法深刻地影响了当代艺术首饰，这种创作理念如今已成为当代艺术首饰最典型的创作方式之一。考尔德首饰作品的艺术情感表达与他的运动雕塑作品间有很密切的关系，考尔德设计可以用来佩戴在身体上的可活动的艺术作品，在现代雕塑史上，考尔德可以说是最早的也是最成功的首饰艺术家。

考尔德始终让他的首饰作品与时尚保持一定的距离，他的首饰作品从来没有被投入大规模生产，而是作为其艺术创作的一部分进行展览，在画廊出售。他的许多首饰作品通常是为朋友或者情人所创作的，并在特殊的场合佩戴。考尔德的首饰被重要的前卫艺术收藏家们收藏，从玛丽·洛克菲勒（Mary Rockefeller）到裴杰·古根海姆（Peggy Guggenheim），都以佩戴他的艺术首饰为荣，图 4.7 中裴杰·古根海姆佩戴着考尔德的一对耳饰。

尽管手工艺和艺术之间的桥梁在包豪斯、新艺术运动、手工艺与艺术运动中被很多艺术家所跨越，但考尔德的出现巩固了这种艺术与首饰相互融合的理念。首先他被认为是重要的雕塑家，同时也是当代艺术首饰领域的革新者，他在不同艺术媒介之间跨越，如雕塑、文学和表演艺术。考尔德和超现实主义之间也有着共同点，尽管他从来没有正式承认自己的作品和超现实主义之间的关系，但他确实受到了很多超现实主义艺术家的影响。考尔德的早期作品是具有象征意义的，他完全专注于抽象造型和运动表现。他的首饰作品以螺旋形和原始的运动图像为主导，他以自然界中万物运动的规律为实验依据，同时又借鉴了超现实主义原理，这些都将自然描绘成一个抽象的形式，这些抽象的几何形态同时受到风格运动和包豪斯代表人物的艺术作品的启发。他的首饰作品既能被放置在一个公共空间，也可以展示在艺术画廊或剧院的舞台，当然也可以佩戴在身体上。考尔德善于从超现实主义、抽象主义、原始主义、包豪斯现代主义等艺术流派中汲取养分；他独创的动态首饰突破了首饰一贯的静止形象，他采取贵重材料与廉价材料相结合的创新使用对当代首饰的材料价值观产生了巨大影响。他的创作理念极大地提升了当代首饰的艺术价值，对当代艺术首饰的发展具有划时代的意义。

## 二、玛格丽特·德帕塔

玛格丽特·德帕塔是当代艺术首饰的奠基者之一，她的许多创新影响了美国工作室首饰运动，其创作理念对当代艺术首饰产生了深刻的影响，她首饰生涯的独特建树可以概括为以下几个方面：首先，她将包豪斯的建构主义原理运用到首饰领域；其次，她发明了先进的首饰镶嵌制作技术——用隐形方式镶嵌宝石，并用独特的方法切割和处理宝石；最后，她是首饰民主化的积极倡导者。

20 世纪 30 年代，德帕塔在拉斯洛·莫霍利·纳吉（László Moholy Nagy）的指导下学习，纳吉是一位匈牙利犹太艺术家，原德国包豪斯学院教师，在学院关闭后逃离纳粹德国，于 1936 年开办了芝加哥包豪斯学院。包豪斯学院强调简化形式、有机材料的使用和形式遵循功能的哲学，1941 年，德帕塔在芝加哥设计学院向纳吉学习时，她已经深深地沉浸在现代主义运动中，积极实践包豪斯和建构主义，将建构主义原则与包豪斯设计相结合，创造出了一种随佩戴者一起运动的微型雕塑类首饰。德帕塔用理性的方式提炼出单纯的结构，用线条来建构体积，体现空间的虚实，她的首饰作品有一种现代、纯粹、独特的抽象建构之美，完全跳脱出所处时代的首饰审美（图 4.8）。

图 4.8　胸针（玛格丽特·德帕塔，1941）

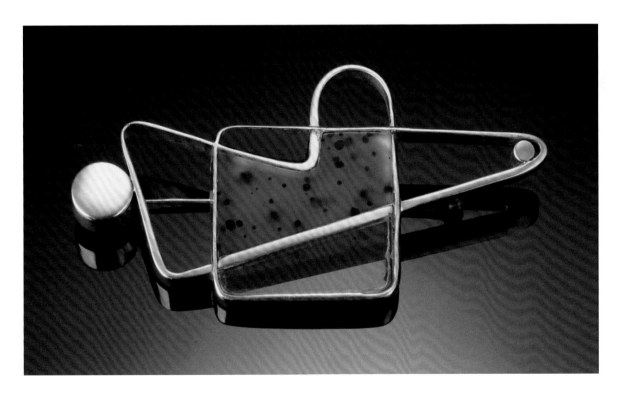

德帕塔以其作品使用被称为"opticuts"的特殊切割宝石技术而闻名，而作品中的宝石通常由宝石艺术家弗朗西斯·斯佩雷斯（Francis Sperise）制作，再由德帕塔使用最小的挡板、尖头和支架进行隐形方式固定宝石。她利用这种独特的切割技术，通过宝石光学折射产生的错觉进行实验。这种技术可以"隐藏"固定结构，使宝石似乎浮于首饰表面，从而显示出自由切割宝石的自然之美。德帕塔和斯佩雷斯合作发展的光折射和不对称刻面的非凡技术，赋予一些半宝石以生命和活力。这种对宝石的处理方法是全新的，让首饰作品同时具有科学和诗意之美（图4.9）。德帕塔听从纳吉的劝告，当纳吉告诉她考虑设计作品的可能性时，首饰就好像是由平面构成的三维结构，将宝石托的平面以倾斜的角度与石块相交，这样宝石似乎就在空间中悬浮。她将这种宝石镶嵌形式作为艺术的一部分，用来

图 4.9　胸针（玛格丽特·德帕塔，1956）

创造视觉错觉，同时质地、运动和色彩也是她首饰审美的重要组成部分。德帕塔设想一件首饰作为一个动态的物体，能够通过创造反射、视觉错觉和意想不到的光线变化来改变对空间和运动的感知，产生运动的错觉。德帕塔创新的镶嵌技术体现了她在首饰制作技术上的追求。

德帕塔同时还提倡平民主义的首饰，她觉得为"尽可能多的人"创作首饰是一种"社会责任"。她开发了价格从 13 美元到 50 美元不等的首饰，还设计了一种创作限量版精选作品的方法。她希望给广大平民购买她首饰的机会，鼓励其他首饰人也寻求商业场所以使首饰平民化。德帕塔主张，一个有创造力的艺术家要有一种社会责任，不是为了极其有限的消费而生产单一的高价手工制品，而是生产尽可能好的设计、工艺和材料，给尽可能多的人带来快乐。

德帕塔的创作理念对后来的创作者产生了很大的影响，2012 年，美国加利福尼亚州旧金山的奥克兰博物馆和纽约艺术与设计博物馆合作策划了德帕塔大型回顾展，纪念她为当代艺术首饰做出的杰出贡献。她的首饰被称为"可穿戴雕塑"和"彻底背离首饰作为身体装饰"，很少有首饰艺术家能在动态首饰、光学变形和真正的可穿戴雕塑方面都能做到如此杰出。她的首饰创作理念具有革命性，与 20 世纪 30 ～ 50 年代的其他首饰相比截然不同。她以自己的艺术为生，遵循包豪斯的建构主义原则，将生活与艺术融为一体，创作了一种反映时代和社会变迁的首饰艺术。她决心把建构主义和包豪斯的教学理念传递给更广泛的公众，践行民主设计方法，大规模生产首饰作品以实现低价销售而惠及大众。

在德帕塔之前，首饰要么是一件昂贵的奢侈品，要么是一件相对缺乏想象力的手工艺品，要么是一件具有传统形式和宝石背景的批量生产的作品。与其他同时期的美国首饰人不同，德帕塔将建筑师的智慧和理性方法运用到她的设计中，以建构主义原则为基础，采用非具象设计，体现艺术与社会变革的密不可分。她像雕塑家一样工作，将空间和光作为她的主要"材料"，在这样做的过程中，她摒弃了传统，采用创新的设计以及新的精湛技术，挑战了佩戴者对于首饰的传统价值观，即不仅仅是材料或工艺的原始价值。德帕塔艺术成就的重要性不仅体现在首饰界，还对整个艺术界产生了影响，她的首饰体现了德国包豪斯和美国设计的历史交集，她将复杂的现代主义设计原则融入当代首饰的艺术视野。

### 三、阿琳·费什

美国圣迭戈的首饰家阿琳·费什（Arline Fisch）一直在挑战人们对首饰和身体的看法，她不仅改变了首饰与身体的关系，还将纺织般的作品与服装结合起来，是当代首饰可穿戴理念的提出者和积极推动者。费什最著名的是将纺织技术，如编织、针织和钩针编织，开创性地运用于金属，尤其对针织金属。她通过研究编织，认识到将金属锻造技术与纺织技术结合起来创造首饰的潜力，并终身在此方向上实践不止。费什首饰以其多彩的、可穿戴的形式创造出令人惊异的宁静空间。

费什曾在美国斯基德莫尔学院任教，因意外地被要求教授一门纺织课程，而使她参加了一个在草堆山工艺学校开设的编织暑期班。在草堆山工艺学校学习期间，费什发现的前哥伦比亚时期的纺织品对她的作品产生了强烈而持久的影响。20 世纪 70 年代，她开始使用金属编织，创造出可穿戴的大体量作品（图 4.10～图 4.13）。

20 世纪 60 年代中期，在费什职业生涯的早期，她用银（有时与纤维结合）来制作巨大且灵活的衣领和项链，以及从脖子到地面的全身装饰。她曾出版了一本关于首饰创作的金属纺织技术专著，书名为《金属纺织技术》。1969 年，她去除了纤维元素，完全用金属开始编织，有时添加羽毛、马赛克或半宝石，以产生迷人的多重纹理。1970 年，费什开始从事纺织实验，这些研究促使她开设了研究生课程，学生们探索了银、铜和树脂涂层金属的针织、钩针、打结和花边等编织手法。费什开始在她的创作中利用这项技术，通过使用编织结构创造了不妨碍功能或佩戴性的体积和装饰形式。她巨大的、灵活的、开创性的编织的身体首饰往往是艺术首饰和时尚相互排斥的体现。1985 年，她被命名为美国加利福尼亚州的"人间国宝"，并获得了许多其他杰出的荣誉。她的创作理念对当代艺术首饰的发展影响巨大，尤其是在金属纺织、编织工艺、对首饰可穿戴理念的实验、打破服装与首饰之间的界限等，她对首饰这些方面的研究为后续的创作者提供了明确的参考，为当代艺术首饰定义的拓展起到了巨大的推动作用。

图 4.10　手镯和手套（阿琳·费什，1999）
材质为铜、电线、银，13.3 厘米 ×41.9 厘米 ×15.2 厘米。

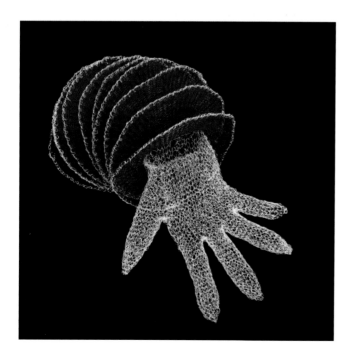

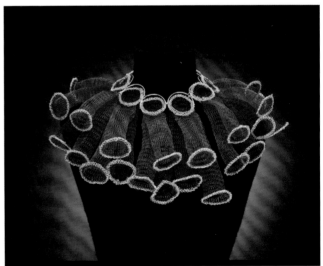

图 4.11（左） 项链（阿琳·费什，
1995）
材质为机织扁铜管或铜丝、银饰，
115.57 厘米 ×35.6 厘米 ×7.62 厘米。

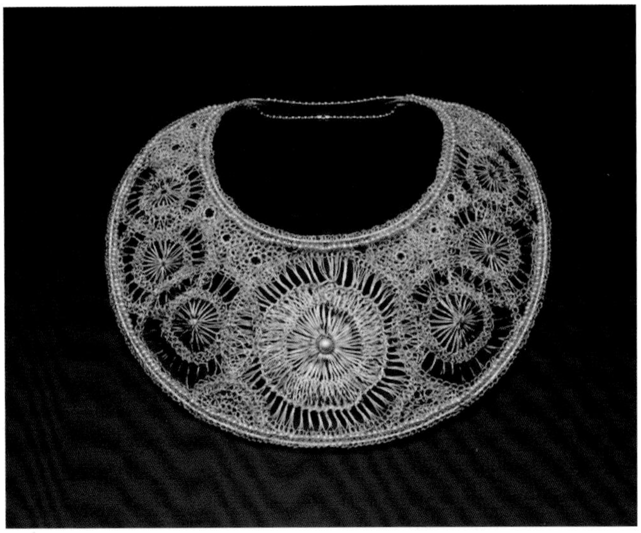

图 4.12（右上） 项圈（阿琳·费什，
2005）
材质为纯银、珍珠钩针、发夹花边，
10 英寸 ×9 英寸。

图 4.13（右下） 项链（阿琳·费什，
2005）
材质为镀铜线、纯银，纯银机织，钩
针边。

## 四、玛霄瑞·希克

玛霄瑞·希克是著名的美国首饰家，她对当代艺术首饰的成就主要有以下几个方面：跨越界限、用身体作为展示空间、色彩突破、材料实验。希克1941年出生于伊利诺伊州，她的艺术生涯从20世纪60年代早期开始。由于受到身体和首饰两者间关系的吸引，希克在接受了专业的首饰训练后，开始了大胆的艺术创作。早期，她的作品是用金属材料制成的，然而，在受到雕塑家大卫·史密斯（David Smith）的作品和欧洲首饰艺术运动的启发后，希克开始研究用其他媒介创作，最终形成了独特的个人艺术风格。希克利用雕塑结合身体的理念来表达首饰，从她的艺术作品中可以明确看出，这些运用身体雕塑理念创作的首饰不只是跨越了首饰和雕塑之间的界限，同时也以一种极端的方式试图跨越不同媒介的界限。希克的首饰具有雕塑的艺术价值，但被佩戴在人体上时却又获得了另外一个动态维度，即身体转化为可活动的展示空间。她的首饰除了能以静态的方式展出外，还可以通过运动的方式来展示。希克还曾将舞蹈动作与首饰结合，通过运动来配合展示作品。希克的创作理念是将首饰、身体、运动和空间融合在一起。

希克自幼开始学习绘画，具有纯艺术的背景，她的研究生导师是美国当代首饰的先锋人物阿尔玛·爱克玛（Alma Eikerman），在她导师的影响下，希克对首饰产生了强烈的兴趣，从此开始了首饰的学习和研究。同时，大卫·史密斯的雕塑是她"身体雕塑"理念的起源，她的作品与大卫·史密斯的雕塑之间有着强烈的共性，都是用线性语言建构的不规则空间（图4.14、图4.15）。希克的想法非常另类，她重置首饰和身体的关系，将身体和首饰两者关系颠倒过来进行创作，通常情况下是人来佩戴首饰，那么让首饰来佩戴人的理念则改变了首饰的实用工艺品性质，让其成为一种艺术媒介。

20世纪70年代，美国和欧洲的艺术首饰领域交流日益频繁，首饰家们的创作理念也相互影响。希克1975年在美国堪萨斯州立大学举办的讲座上偶然地遇见了欧洲当代艺术首饰的先锋荷兰首饰家赫斯·贝克（Gijs Bakker）和艾美·范勒森（Emmy van Leersum）。随后，1976年她以访问学者的身份在欧洲进行了为期四个月的访学，考察欧洲首饰学校、美术馆，并参观重要的首饰展览及活动。1983年，希克在约翰·凯

图4.14（上）雕塑（大卫·史密斯，1964）

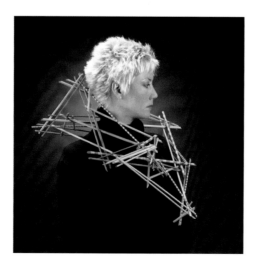

图4.15（右）项饰（玛霄瑞·希克，1986）
材质为木、颜料，52.7厘米×58.4厘米×25厘米。

斯艺术学校注册，成为该校金属工作室的一名学员，她和很多英国新首饰运动和欧洲艺术首饰运动的代表人物关系密切，其中包括卡罗琳·布罗德海德、温迪·拉姆肖（Wendy Ramshaw）和大卫·沃特金斯（David Watkins）。由于希克的欧洲学习生活经历，欧洲艺术对她的影响是显而易见的，她的首饰作品因此具有强烈的欧洲风格，这也很好地解释了为什么美国的艺术评论家认为很难定义希克的作品为纯正的美国艺术。希克对当代艺术首饰的发展影响巨大，具体可以总结为以下几点：

### 1. 材料实验

希克对材料的选择非常具有实验精神，推动了当代艺术首饰对材料的探索，她基本上都选用轻质材料进行创作，如纸张、布料和塑料等。早期由于受到金匠课程的训练，她的作品主要选用金属材料制成。然而 1966 年从印第安纳大学毕业后，希克就开始了对非金属材料的研究，通过探索各种不同的材料获得了丰富的经验，她熟练掌握了软性材料的制作技

图 4.16　项饰（玛霄瑞·希克，1993）
材质为纸浆、颜料，48.3 厘米 ×47 厘米 ×30.5 厘米。

术，且自由掌控表现形式，制作的软质材料的作品与金属材料的作品有着本质的不同。希克定位自己为用软性材料创作大型作品的实验艺术家，她对非传统材料的选择具有显著的成果：她可以随意驾驭大尺寸的作品，而以前这些作品大多都借助于金属材料进行加工制作，这种创作方法拓展了当代首饰材料运用的多样性。

### 2. 色彩突破

希克的首饰作品充满了绚丽的色彩。通过对包括纸张、布料和塑料等材料进行彩色加工，希克的作品出现了一个额外的色彩维度，她在很多作品表面运用油画的处理方式，如图 4.16 所示。希克作品的色彩加剧了与身体的融合，并且定义了每个独特元素的完整性，她改变了传统二维平面油画，使之成为三维空间的立体首饰作品。希克整合艺术理念，表明这种首饰是身体能够携带的大型作品，是从心理和视觉两方面着手的。

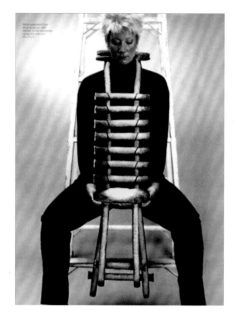

图 4.17（左）身体雕塑《黄色梯子》
（玛霄瑞·希克）
材质为纸浆、颜料。

图 4.18（右）身体雕塑（玛霄瑞·
希克）
材质为木、颜料。

### 3. 跨界思维

希克的艺术作品既是雕塑也是首饰，突破了固有思维的约束。2001 年，她制作的身体雕塑《黄色梯子》（图 4.17）就是个很好的例子。希克将首饰和雕塑统一成一体，通过将作品放置到一个艺术空间或者佩戴在人体上，她在首饰和空间之间创造了更多的可能性。当巨大的盔甲般的作品被人佩戴时，佩戴者的身体不得不适应这个器物的特殊结构。这些不只是与作品的造型有关，还与它们的重量有关。这种身体雕塑般的首饰融了整个身体，并完完全全将身体融入作品的结构中，充满生机的色彩使得希克的首饰和身体相融到一起，通过油画、摄影和戏剧在作品中的运用，她跨越了各种艺术媒介。希克的作品更注重于被佩戴，她将首饰和身体作为一个新的整体来进行研究，她的整个艺术生涯都在诠释这些研究（图 4.18）。在她的作品中，人物造型是完全被忽略的，她的作品区别于传统雕塑，还包括时尚和首饰的内涵。传统的服饰和首饰仍然是通过人的身体来穿戴的，但希克的作品颠倒了身体和器物在时尚和首饰方面的关系，她主张并不是身体需要器物，而是器物需要身体来展示。

希克的作品也经常用来与 20 世纪七八十年代英国和荷兰出现的激进的首饰运动做比较。希克的首饰是将身体作为时尚和表演的中心，她对雕塑、时尚和表演之间的跨界研究，引起当时欧洲很多评论家和艺术家的密切关注。这种跨越媒介、综合视觉风格的作品可以被理解为等同于现当代艺术，艺术、手工艺、首饰、雕塑和其他各个媒介之间的区分已经消失。

## 五、罗伯特·埃本多夫

罗伯特·埃本多夫（Robert Ebendorf）是美国当代艺术首饰的先驱，也是当代首饰中现成物应用理念的先锋，他在作品中探索了各种各样的日常材料。作为一个以现成物为主要创作理念的首饰人，埃本多夫成为塑造美国当代艺术首饰的重要一员。他是一个兼收并蓄的首饰家和金匠，出生于美国堪萨斯州的托皮卡。他于 1958 年获得工商管理硕士学位，1963 年在堪萨斯大学获得文学硕士学位。1963 年，富布赖特基金资助埃本多夫在挪威国立应用工艺美术学校学习。在获得路易斯康福特蒂凡尼基金会的资助后，他于 1965—1966 年回到挪威，在弗雷迪克斯塔德的挪威设计公司工作。埃本多夫曾在美国墨西哥城、挪威奥斯陆和意大利维琴察担任珠宝设计顾问。作为北美金匠协会（SNAG）的创始成员和第二任主席，他曾在美国的斯特森大学、佐治亚大学、草堆山工艺学校、彭兰德工艺学校、纽约州立大学新帕尔茨学院任教。埃本多夫是当今美国的首饰大师，他的作品以对不同材料的富有想象力的组合而闻名。

埃本多夫的作品是炫耀性消费的对立面，他推广和制作首饰已有 40 年的历史。埃本多夫从上大学学习艺术的那一刻起，就一直在从事热爱的当代艺术首饰创作。埃本多夫目前从事教育事业，并创作首饰。埃本多夫以各种形式展现一种放纵的、几乎像孩子一样的快乐，这种快乐与人们成年后被允许的有限的快乐来源形成对比。埃本多夫的作品在视觉上保留了我们对材料最初的印象，他认为其作品是出于对物质世界的极度好奇和热爱，这种不安分反过来又被埃本多夫的精力以及不断创造和改造事物的欲望所推动。埃本多夫被艺术技巧所吸引，他运用的最多样的形式是拼贴，拼贴是一种兼容并包的创作方法。虽然现在很多首饰人都在使用拼贴，但埃本多夫是最早使用的人之一，他用充满活力和信心的方式来实践拼贴首饰创作。这个大胆的实践涉及多样的材料，从报纸到破碎的工业防护玻璃，以及从基督教到流行文化的一系列元素。埃本多夫的职业生涯就像是一本关于可能性的字典，他的作品展示了一切皆有可能的解放思想。他的首饰作品具有强烈的感染力，感染了整整一代年轻、创新的首饰人。

埃本多夫因其在作品中使用了不寻常的材料而闻名于世，他愿意与学生分享他的技术和思想。他将零星的碎片化素材——包装纸、锡罐、服装、首饰、报纸、浮木等，提升到另一个层次，埃本多夫不惧把钻石、珍珠、碎玻璃和骨头等价值相差巨大的材料并置在同一件作品上。这位首饰大师的混合媒介哲学来自近 60 年来对现成物的研究，当他自诩为"拾荒者"时，生活就是一场无尽的寻宝游戏。埃本多夫的首饰作品已被美国大都会艺术博物馆、史密森学会伦威克美术馆以及英国维多利亚和阿尔伯特博物馆永久收藏。

埃本多夫在首饰创作方向上做了一个彻底的转变，他从来不是用黄金和钻石创作，而是发挥想象力冒险进入现成物创作首饰的未知世界。当他走路的时候，会把地面的东西捡起来，放在小背包里。在海鲜餐厅的时候，他也可能从餐桌上收集动物爪子带回家，然后过一段时间开始用收集的物品进行创作。埃本多夫喜欢把现成物重建成新的世界，展开另一个生命、另一段旅程。他熟知设计的感性，也懂得工艺的美，完全颠覆了物体的结构以及不同材质能感知的价值。他的作品与材料的内在价值无关，而是在于其设计感和语言。维多利亚和阿尔伯特博物馆选择了埃本多夫的一件作品永久陈列在他们历史悠久的珠宝收藏品中，这件作品只是一条纸项链，上面有从街上捡来的纸和金箔。这不是什么高端的宝石和贵金属，它是颂扬现成物设计和创作者的个人声明。

埃本多夫的家庭工作室有一堆被他视为"宝藏"的垃圾——丢弃的瓶盖、硬币、玩偶零件、树枝、纽扣、钥匙、蟹爪、芭比娃娃、钟表零件和偶尔出现的松鼠尾巴等，堆积在几乎每一个表面上。他顽皮地将这些日常生活中的碎片，与精美的金属和宝石并置，创造出令人回味的首饰。这些艺术品可以唤起记忆，讲述故事，并促使观众重新评估首饰材料价值。具体地说，材料映射了埃本多夫作为一名首饰大师的发展历程。

20 世纪 60 年代中期，埃本多夫开始建立一个以旧照片、有机材料和废弃物品为特征的视觉语汇。当时的社会处于动荡之中，许多关于权威、政治、教会、国家以及政治动荡的问题正在被提出，从那时起，埃本多夫的作品开始持续探索消费主义、宗教和美的概念。他开创性地在当代艺术首饰领域实践了现成物、叙事首饰和拼贴手法。"罗伯特·埃本多夫将现成物品碎片与贵金属并列。然而，他不仅仅是回收废弃的材料，而是对其进行改造，以重申其美学价值。"[1] 正是由于埃本多夫的首饰实践，现成物及拼贴手法才逐渐成为当代艺术首饰主要的创作理念之一。这种对现成物品的改造利用充分体现了此类材料的独特属性，强调了首饰的叙事功能，拓宽了首饰的材料选择范围。这种现成物创作方向随后成为美国当代首饰区别于欧洲的当代首饰的主要特征之一。埃本多夫以现成物的应用拓展了首饰的单一审美取向，对美国当代艺术首饰风格的确立起到了积极的作用。

---

1　Peter Dormer, Ralph Turner, *The new jewelry: trends + traditions* (London: Thames & Hudson, 1994).

## 第二节
# 欧洲当代艺术首饰代表人物

*Section 2    Representative Figures of European Contemporary Art Jewelry*

## 一、赫尔曼·荣格

赫尔曼·荣格作为一位首饰艺术家和德国慕尼黑美术学院教授对当代艺术首饰的创作理念有重大的影响。他是 20 世纪 50 年代第一个打破传统的人，即使他一直使用传统的材料（黄金）进行创作。他用抽象、绘画和表现的组合创造了新的首饰审美风格（图 4.19、图 4.20），他的灵感来自现成物和自然形体。他在慕尼黑美术学院教授了数代首饰艺术家，去体现首饰创作概念的价值与自由表达。

荣格出生于德国的一个以金、银器工艺传统闻名的小镇——哈瑙，1947 年他开始在国家绘图学院研究金、银工艺及设计。在慕尼黑美术学院任职时，他的职业生涯和研究一直受到了弗兰兹·李凯尔特（Franz Rickert）——德国最著名的金工艺术家的影响。1972 年，他取代李凯尔特成为学院金工项目部主任。荣格是一位杰出的金属艺术家，其创作经历长达 30 年，在提升高标准工艺的同时，也提升了首饰创作者的审美水平。他培养了许多著名的当代首饰家，著名的当代首饰家奥托·昆兹利（Otto Kunzli）就是其中最著名的学生之一。

图 4.19（左）胸针（赫尔曼·荣格，1967）
材质为黄金、红宝石、蛋白石、玛瑙、天青石、珐琅，9.125 英寸 × 1.25 英寸。

图 4.20（右）胸针（赫尔曼·荣格，1970—1972）
材质为 18K 黄金、祖母绿、绿玉髓、蓝宝石、蛋白石、天青石。

他强调从日常生活中取得灵感，认为只有缓慢地工作才能使创作"新意"从日常生活熟悉的环境中转化出来。对于一件首饰来说，一个中世纪的图书封面设计就可以瞬间提供灵感，而一个垃圾场则可以提供更多的灵感，这两者都是想象力的诱因。荣格引入了一种全新的首饰美学，他将出色的画家眼光和对三维形式的敏感与精湛的技术结合起来，将黄金的反射率和延展性与宝石和珐琅的颜色和光泽结合起来。他将绘画的自由和流动性转化为高度个性化的首饰，这些首饰清晰地刻有艺术家的烙印。他创作的一套独特的盒装项链（图 4.21），里面有各种形状的部件，可以用细金丝串连戴在脖子上，佩戴者可以选择各种顺序进行排列组合；当项链不戴时，各个部件可以构成一幅由正方形的灰色盒子框起的抽象图案。

荣格虽然继续使用贵重的材料，但是违反了这些材料中公认的风格和表现工艺，鼓励个性和表现力，以此来激活毫无生气的设计，打破固化的标准技术。他借用绘画语言加强首饰的表现力，尤其是抽象绘画的形式，这种创作理念在他的首饰作品中得到了充分的体现——首饰的工艺美学与绘画的表现力融合成为一体（图 4.22）。他为传统的金工首饰开辟了一个新的表现世界，是一位杰出的当代首饰创新者。

图 4.21（左） 项链（赫尔曼·荣格，1993）
材质为青金石、赤铁矿、黄金、漆木，2.3 厘米 ×15.6 厘米 ×29.1 厘米。

图 4.22（右） 胸针（赫尔曼·荣格）
材质为金、玉髓。

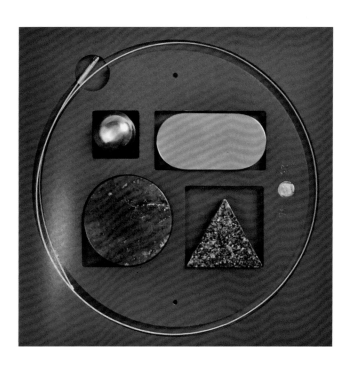

## 二、奥托·昆兹利

奥托·昆兹利是当今最著名、最受尊敬的概念首饰的先驱之一，他的作品拓展了首饰的边界，突破了当代首饰现有的创作理念，为当代首饰开创了一条崭新的概念创作之路。昆兹利1948年出生于瑞士苏黎世于1972—1978年就读于德国慕尼黑美术学院，师从首饰大师赫尔曼·荣格，自1991年起开始留校任教；1991—2014年，任职慕尼黑美术学院珠宝部主任；2008—2012年任英国皇家艺术学院客座教授。1977年，他获得德国慕尼黑赫伯特·霍夫曼大奖，2008年获得澳大利亚墨尔本Funaki画廊国际首饰艺术大奖。他曾在美国罗德岛艺术学院任教，欧美的教育经历让他的概念首饰创作理念广为传播，在美国和英国引起概念首饰创作的风潮。

昆兹利作为一个创作者，在其职业生涯中不断对材料进行质疑和颠覆，他的作品勇于跨越首饰的边界，独特并具有讽刺意味，向观者发出引起反思的信息。正如他著名的手镯《黄金使你盲目》（图3.44），黄金球被隐藏在黑色橡胶层里，机智、幽默的创作行为旨在揭示首饰的最初目的——装饰身体，而不是突显贵重材料的傲慢。在慕尼黑美术学院任教20年，昆兹利培养了大批著名的当代首饰家，其中包括卡尔·弗里奇（Karl Fritch）、贝蒂娜·斯克纳（Bettina Speckner）、阿泰·翰（Attai Chen）、丽莎·沃克（Lisa Walker）、海伦·布里顿（Helen Britton）等，这些人如今都是当代首饰界的中坚力量。著名的当代首饰评论家达米安·斯金纳（Damian Skinner）这样评价昆兹利："当我思考如何用文字定义当代首饰的时候，昆兹利的作品可以完美诠释当代首饰""我对他的作品这么热衷的原因是他看待首饰的角度，探索首饰的极限和揭露首饰里哲学的那一面，这位受过瑞士训练的慕尼黑艺术家创造了当代首饰真正标志性的案例。"……

昆兹利精心创作的作品体现了极简主义和文化现象，利用首饰传达隐喻和图像学的力量与复杂的智慧。2013年3月，他的大型回顾展《展览：首饰1967—2012》（*The Exhibition Jewellery 1967—2012*）展出了他丰富的作品，其目录记录了他40多年的职业生涯，这位慕尼黑艺术家创造了一系列当代首饰的标志性作品，包括1995年的《爱的1厘米》和1980年的《黄金使你盲目》。1979—2018年，昆兹利举办了近60次个展，其作品被世界各地的顶级博物馆和机构收藏。昆兹利的作品展示了他独特的社会评论，彻底改变了人们对于艺术首饰的理解，他的作品《链条》（图3.46）就证明了这种方式。

昆兹利的首饰作品是基于复杂的映射、概念和视觉想象来创作的，呈现的结果是：作品带有明确的、极简主义的外观，用引人入胜的精雕细琢去完善高度可视化的装饰。与此同时，他的作品本身拥有其自主的美学地位，外形大多呈条块或立方体等几何形状，但评论家对此嗤之以鼻，认为它愚蠢又幼稚。他们提出谁会佩戴这些首饰？事实上这些立方体的首饰并不是商业首饰，而是对传统首饰及其限制规范的思考。正如首饰评论家拉尔夫·特纳（Ralph Turner）在其著作《新首饰》（*The New Jewelry*）中对昆兹利评价："我们都知道，首饰和其他人选择佩戴的任何东西一样，告诉我们这个人的品位和个性。但首饰创作者很少用首饰来评论制作或佩戴首饰的习俗和禁忌。然而，有一个人成功地做到了这一点，那就是瑞士出生的奥托·昆兹利，他是首饰界最聪明的创作者之一，也是最具有质疑精神的人之一。"[1]昆兹利试图通过作品中所表现出的对抗性来激励人们如何努力打破这种武断的规范，将荒诞推向极致，对规则进行蔑视。社会对首饰的接受程度历来狭隘，昆兹利却让我们能够对此有所反思，他的创作理念打破了首饰一贯被认知的装饰、财富和权力的狭隘定义。昆兹利不但是一名先锋首饰艺术家，还是一位作家和导师，他彻底改变了当代艺术首饰的创作方式，多年来他一直在探讨首饰的话题，他将首饰的创作理念进一步地拓展到了概念艺术的范畴，为当代艺术首饰的发展开拓了全新的方向。

---

1    Peter Dormer, Ralph Turner,
     *The new jewelry: trends +
     traditions* (London: Thames &
     Hudson, 1994). p.146.

### 三、赫斯·贝克

赫斯·贝克1942年出生于荷兰，是荷兰国宝级的首饰家、设计师、当代艺术首饰的伟大先驱之一，他在概念领域里探索身体与装饰之间的关系，也是后现代主义思潮的推动者。他的作品非常大胆，具有很强的实验性。1966年，他在阿姆斯特丹的剑术画廊（Galerie Swort）展出了自己的实验作品；1967年，举办了《可佩戴的雕塑》（*Sculpture to Wear*）展，他的作品将身体、金属造型、服装设计的美学相融合，大尺寸、几何形、金属物件和实验性的服装完全改变了身体的轮廓，取代了起次要作用的人体装饰（图4.23、图4.24）。他强调用现场呈现作品，倡导"绝对的形"——排除一切装饰元素的形。尽管批判传统装饰已不是新的观念，但他明显的极简主义美学和实验性的作品在今天看来也是非常激进的。

贝克一直坚持用设计来表达个人的思考，将形而上的精神世界物化为形式呈现。他不局限于设计的功能性和商业性，在纷扰的市场里独辟净土，恪守着作为一名设计师的初衷。他反对传统的金工训练，也反对传统手工艺。贝克早期就读的院校非常重视传统手工艺，当时的他对建筑、平面等多个领域都具备浓厚兴趣。当他开始关注其他领域之后，发现材料本身便极具美感，而不仅仅限于工艺，于是在短暂追逐传统手工艺后便对它产生了厌烦情绪。1967年左右，贝克和同伴的一个展览得到策展人的重视，因此争取到了在国立美术馆专门展览的机会。这次机会促使他放开束缚进行设计，创作了一批充分体现材料及形式感的作品，这些首饰作品的艺术性被加强，功能性则退居其次。

贝克认为荷兰的设计是一种概念的呈现，介于文化、社会甚至政治之上，将个人观念转化为一种物象的表达，无论产生什么想法，他都尝试着用形式表现出来。贝克和他的妻子艾美·范利森带领一群艺术家和设计师构思了全新概念的首饰，目的是颠覆一小部分富有

图4.23（左）赫斯·贝克的首饰作品及佩戴方式

图4.24（右）项圈（赫斯·贝克，1967）
材质为铝，宽40厘米。

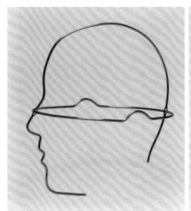

的顾客的固有观念，让公众突破首饰一定是贵重的、身份的象征这种传统束缚。为了使首饰"平民化"，他们还制作了价格合理、设计精良、注重功能及材料形式的尖端作品。贝克谴责首饰的传统作用，回避一切无关的装饰及手工的印记。他们还对黄金和宝石设置了一个虚拟的禁忌，大胆地用工业材料如铝、不锈钢、橡胶、塑料和纸代替它们。新的荷兰流畅风格（Dutch Smooth style）是引人注目的且往往具有戏剧性，这种设计风格非常适合工业生产。贝克的作品表面上像人造首饰，但每件作品都经过精心制作和加工，以达到优雅简约的效果，用来体现理想的工业美学。贝克对尺度和功能的实验关注了首饰与个人佩戴之间的关系，探索消失的首饰和身体的形态，他强调工艺创新，并着迷于通俗文化的表达，"神圣的运动"（Holy sport）系列（图 4.25）就是其代表作。1998 年，他从足球运动员照片中获得灵感，开始创作"神圣的运动"系列，将树脂、黄金、宝石等材料与头像、人像完美结合，创作出一系列别出心裁的设计。

　　除此之外，贝克还尝试对权力的讽刺、对创新造型的追求、对色彩表达的探索、对特定材料的研究。他开创了许多全新的首饰创作理念：扭转了首饰的纯装饰地位，在艺术与设计领域给了首饰新的位置；在概念领域里探索身体与装饰之间的关系；用后现代主义表现方式探索实验；在传统的金工和手工艺路径之外寻找首饰新的表现形式；他从未放弃过关注首饰的概念和实质意义，忠于自己的设计准则和艺术理想，具有极强的创造力（图 4.26）。可以说，他凭一己之力改变了当代首饰的面貌，无愧于是当代艺术首饰伟大的开拓者和奠基人。

图 4.25（左）"神圣的运动"系列胸针（赫斯·贝克，1989）
材质为 14K 铂金、尖晶石、报纸、PVC，12.7 厘米 ×11.8 厘米 ×1.5 厘米。

图 4.26（右） 胸针（自由）（赫斯·贝克，1997）
材质为 925 银、手表，9.9 厘米 ×11.4 厘米 ×1 厘米。

## 四、格达·弗洛金格

格达·弗洛金格（Gerda Flockinger）是英国最知名的当代首饰家，也是当代首饰领域的关键先驱之一。她运用精致细密的贵金属熔融技术创作独具一格的首饰作品，这种基于高度发达技能的巴洛克风格首饰得到了艺术首饰收藏家的极大认可，让其在世界各地享有卓越的声誉。1971年，维多利亚和阿尔伯特博物馆为她举办展览，使她成为首位在此博物馆举办个展的在世首饰家。80多岁高龄时，她还在继续工作，运用复杂的工艺创作首饰作品。她具有丰沛的创造力，被誉为英国的"人间国宝"，1986年又在维多利亚和阿尔伯特博物馆举办了一次个展。1991年，她因对艺术的贡献而获得伊丽莎白女王的认可，并被授予"大英帝国勋章CBE"称号。

弗洛金格的作品以其美丽的彩色宝石、丰富且微妙的纹理、完整且精致的造型而著称。她的首饰总是以表现自由为特点，同时也有着非凡的外形，正是这种直觉和远见以及对视觉的最高丰富层次的信仰，使她成为杰出的艺术家。自20世纪50年代以来，弗洛金格的想象力和创新是鼓舞人心的范例，没有她的实践也许英国艺术首饰运动的许多后续活动可能从未发生过。弗洛金格用独特的方法控制着黄金的融合，她让黄金极度接近消熔点来寻求其表面的丰富效果，使用大量的豪华闪光的珍珠和宝石，如钻石、电气石、黄玉、月光石和琥珀来装饰细节。弗洛金格融合自然与人工的作品非常现代、超前（图4.27、图4.28）。

弗洛金格用不寻常的宝石、珍珠和彩色钻石和高克拉的黄金创造出既有雕塑性又威严的美丽首饰。她对作品的细致控制和强烈的情感投入，使线条、纹理、金属和宝石之间达到了完美的平衡。弗洛金格的首饰给佩戴者和观赏者带来了巨大的乐趣。

1962年，弗洛金格在霍恩西艺术学院开设了首饰实验课程，这是首饰设计复兴的一个分水岭，她是一位鼓舞人心的老师。然而，她的重要性远远超出了她对其他人的影响，因为她的作品在技术和美学上都是最高水平的。弗林格是她那个时代最优秀的首饰家之一，她在创作成果上既独树一帜，又具有深远的影响力。她的独特贡献是利用金和银的受控融熔开发金属肌理的新技术，其首饰作品被许多公众机构收藏，其中包括英国的苏格兰国家博物馆、维多利亚和阿尔伯特博物馆，美国波士顿美术馆和德国普福尔茨海姆的首饰博物馆等。弗洛金格两次在英国V&A博物馆举行的个人展览是开创性的，当代首饰在这样主流的博物馆展览，标志着首饰作为一个艺术门类的确立，而她独特的金属工艺开拓了首饰创作的新技术，且使其具有新的审美特质。弗洛金格的作品是对她个性的明确表述，除此之外，还反映了她在情感和智识上的深入参与，以及对首饰真正意义和功能的深刻理解。事实上，正是弗洛金格首饰的出现，使得关于首饰是否可以成为"艺术"的争论再次出现在艺术的前景中。

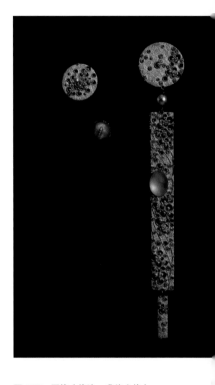

图4.27 耳饰（格达·弗洛金格）
材质为18K黄金、灰珍珠、蓝珍珠、钻石、月光石。

图 4.28 项链（格达·弗洛金格，
1986）
材质为 18K 黄金、灰珍珠、蓝珍珠、
钻石、月光石。

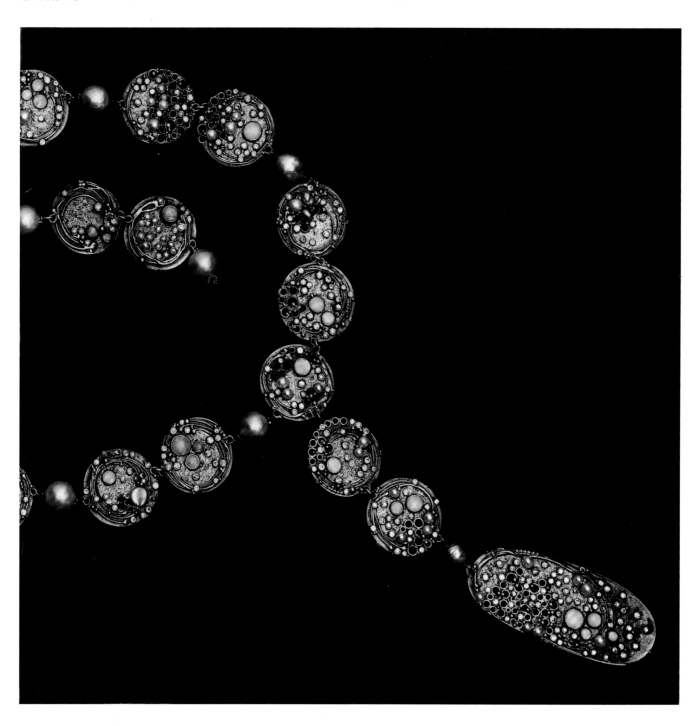

## 五、大卫·沃特金斯

大卫·沃特金斯（David Watkins）是英国著名的当代首饰家、雕塑家，他以对材料和技术进行实验的方法而闻名，是最早探索塑料在首饰中应用潜力的人。他开创了塑料表面染色和热成型丙烯酸树脂的创新方法，并运用电脑技术辅助首饰设计，几十年来对当代首饰运动做出了重大的贡献。沃特金斯从20世纪60年代开始设计和创作首饰，1984—2007年间，任英国皇家艺术学院的金工和首饰专业教授。起初，沃特金斯是一名雕塑家，他的雕塑背景为他提供了独特的方法来创作首饰。他早期的作品动态、锐利、大胆，明显具有雕塑的感觉。之后，沃特金斯仍然在运用广泛的材料和方法——包括使用现代技术，如激光技术，来创作精巧、细致、静穆的作品。

沃特金斯喜欢探索技术并研究它们如何应用，他用手、眼睛和直觉进行创作，呈现自己的个人创作理念和材料的固有之美。沃特金斯热衷于对材料进行革新，从亚克力、纸到黄金，甚至是工业器械部件都被很好地运用到他的创作之中。图4.29所示的亚克力项链是第一批将丙烯酸（塑料）和黄金结合的作品。彩色丙烯酸是沃特金斯在20世纪70年代早期创作的主要材料，这些材料是由工业生产的透明彩色棒。这一作品标志了沃特金斯向单色的作品过渡，他更喜欢塑料与贵金属的自然色彩的对比，色彩帮助他建立了一种基本的创作语言。随着他对创作语言的把握力越来越强，色彩变得多余了。去除了色彩，作品更加凸显了材料自身的美感。这件作品还标志着"铰链环"加工技术的形成：用车床对丙烯酸进行加工，形成了小凹槽，再组装黄金部件，将技术特征变成装饰性元素，从而实现与首饰雕塑的统一。在职业生涯的头十年里，沃特金斯的首饰是由车床加工染色的亚克力制成的。图4.30作品《四向手镯》是最早使用彩色亚克力与黄金相结合的作品之一。

同时，沃特金斯还对钢铁材料也非常感兴趣，时常用其进行创作。他看重这种材料的普遍性，被其深深吸引。他喜欢这种材料漂亮且真实，不像许多首饰材料那样柔软或者惹眼。20世纪80年代，他受爵士音乐影响后所创造出的钢铁结构造型作品，使佩戴者的整体形象更具层次感。

到了20世纪90年代，沃特金斯的作品主要以黄金为主，其造型自然简洁，呈现出神圣的牧师风格。同时他还借由电脑辅助设计，跟踪电脑技术的发展也是他后期很热衷的事情之一。他早期以电脑辅助重组结构的首饰作品使他获得了盛名，图4.31所示的作品就是用此种技术创作的。他的作品被世界各地的博物馆收藏，其中包括巴黎的装饰艺术博物馆、东京国家现代艺术博物馆，以及伦敦的维多利亚和阿尔伯特博物馆。沃特金斯还出版了许多关于首饰创意制作方面的专著。作为前沿的首饰艺术家，他总是很先锋积极地运用新材料、新技

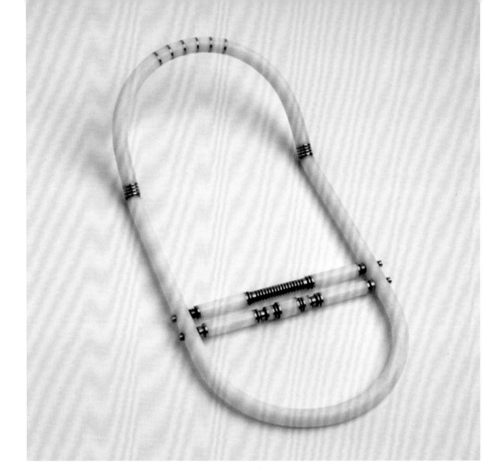

图 4.29 项饰（大卫·沃特金斯）
材质为亚克力、金。

图 4.30 手镯（大卫·沃特金斯）
材质为亚克力、金。

术（电脑辅助）、新设计及其他工业生产技术，这些先锋的创作理念为欧洲当代艺术首饰的
发展做出了杰出的贡献。

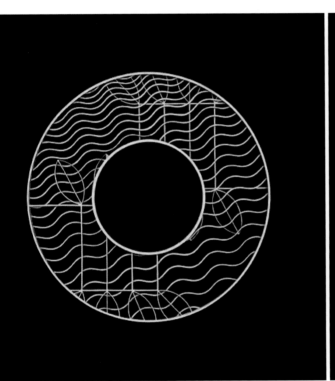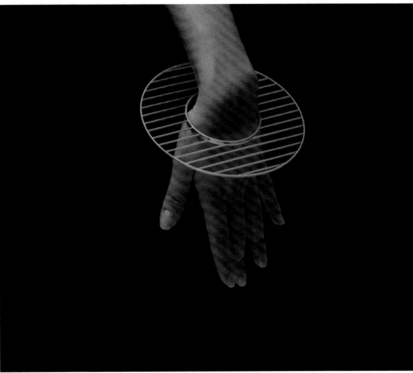

图 4.31　手镯（大卫·沃特金斯）
材质为金。

## 六、鲁·彼得斯

欧洲首饰界赫赫有名的人物鲁·彼得斯出生于 1950 年，是荷兰当代艺术首饰的先驱。彼得斯曾毕业于荷兰阿姆斯特丹格里特里特维尔德学院（Gerrit Rietveld）的首饰专业，是意大利阿基米亚（Alchmia）学院的资深教授。他 20 岁时曾受训制作医疗器械，这些器械被用来测量身体的功能，其制作要求极其精确。当他结束训练后，获得了一份工作。但是他想要创作作品代表自我，成为内在生命的映射。他认为创作首饰是有意义的，因为首饰的尺度和精度与他之前掌握的技术非常接近，最后他决定去格里特里特维尔德学院学习首饰艺术，并最终留在该校任教。在彼得斯多年教学生涯中，他非常强调首饰作品与历史的联结，认为首饰能与许多不同的事物发生关联，将其重新命名为"艺术首饰"并将它与历史割裂开来是错误的。彼得斯确信首饰是真正的艺术媒介，他不受作品能否适合佩戴的限制，最大限度地使用材料创作。他的首饰作品有些能佩戴，有些却不适合佩戴，有些则完全不能佩戴。他从不担心这些，这个问题出现是因为首饰被当成装饰，装饰是附加在物体表面而没有含义。他主张制作实质性的作品必须能感知到自我时光并与世界共存，陈述必须清晰，不向商业妥协。许多制作者关注取悦市场的作品，这将阻碍他们创作独特的作品。

彼得斯从首饰中发展出具有强烈象征价值的形式，很少有首饰创作者能如此深入地涉入神秘领域。彼得斯的作品"拉皮斯系列"（图 4.32）中的吊坠灵感来源于中世纪炼金术士寻找金银的过程，有宗教香炉的外观。他经过一个艰苦的过程，将珍贵的玉石磨成粉末，然后将粉末与液体丙烯酸混合，再倒入模具中进行铸造而成的。

彼得斯强调艺术创作是脑、心、手结合的产物。俄国哲学家乔治·古吉夫（George Gurdjieff，1872—1949）曾说："所有好的艺术都来自脑、心、手的结合。"彼得斯相信手具有领导的力量，用手制作比思考更聪明、有力。在社会中要相信手比大脑更好用是很困难的，大脑是一个强势的统治者，支配着所有的思想和行为。如果人们通过减少思考去探索无意识状态，就会获得原始的、混沌的"创造力"。不去思考几乎不可能做到，但是人们可以把大脑放到手的后面来减少大脑的支配，这会给未知的领域留下更多的空间。彼得斯的作品"灵魂"系列（图 4.33、图 4.34）是脑、心、手结合创作的范例，他通过将眼睛遮蔽盲画来获得原始混沌的线条和图形，这个过程就像是用手思考，再将画好的元素转化成三维形态，给未知的领域留下了更多的空间。

彼得斯的作品就是典型的用当代艺术的思维做设计，在满足功能性的同时，作品富有很强烈的精神性、主观感受和体验。他的首饰实验性和审美性也很强，在将近 40 年的设计生涯中，他通过赋予首饰故事、改变材质等方法来摆脱首饰这种传统装饰的定义，同时通过教学不断地传播前沿的首饰创作理念。他独特的首饰创作主张对当代艺术首饰发展产生了深远的影响。

图 4.32（上） 手镯（拉皮斯系列）（鲁·彼得斯，1997）

图 4.33（左） 胸针（魂系列）（鲁·彼得斯，2012）

图 4.34（右） 胸针（魂系列）（鲁·彼得斯，2012）

## 七、马里奥·平顿

马里奥·平顿（Mario Pinton）是意大利帕多瓦彼得洛塞尔维亚艺术学院（Pietro Selvatico Art Institute）的首饰设计教授、意大利当代艺术首饰的奠基人，著名的帕多瓦学派创始人，被认为是当代意大利首饰设计界最具影响力的人物之一。平顿出生于1919年，他的设计注重个性和艺术表现，而不是商业的吸引力，他坚信首饰设计是小型雕塑的实践。平顿晚期的作品以其大胆的黄金几何造型的运用和复杂的工艺技术而闻名，尽管受到古代首饰设计的影响，但他却是当代艺术首饰界的一个令人惊叹的代表。平顿被认为通过灵感改变了传统的帕多瓦金匠艺术。以平顿为首的帕多瓦学派的创作者在形式、比例和材料上都追求古典的完美，以鲜明的当代创作理念进一步贯彻这些原则。

平顿最初在意大利雕塑家马里奥·马里尼门下学习雕塑技巧，马里奥·马里尼经常用凿岩和腐蚀性染料来丰富其雕塑表面，这些雕塑表面纹理似乎遵循某些珠宝工艺，这种训练对平顿未来的金匠艺术研究产生了深刻的影响。平顿是一名对黄金的表现力很敏感的雕刻家，这与黄金的贵重程度无关，而在于黄金的延展性和可塑性，这在早期对他来说非常珍贵。平顿一开始的设计语言受到具象原始主义的影响，如图4.35、图4.36所示的作品以原始的图像作为创作的主要动机，首饰表面的浅浮雕图案似乎来自某一原始的考古发现的文物，他从古代的原始主义母题中找寻灵感，将古典审美引入当代艺术首饰创作中。

随后，平顿慢慢地减少图像的应用，用越来越几何和抽象的造型来代替具象。他后期的作品开始倾向于现代构成主义风格，简约、理性、纯粹，着重于线条的建构性力量，在基本几何空间中构造最小线段。首饰表面由网状结构构成，体现运动的感觉，其精湛的金工技术

图 4.35（左）胸针（马里奥·平顿，1959—1960）材质为金。

图 4.36（右）项链（马里奥·平顿，1959—1960）材质为金。

图 4.37（左） 胸针（马里奥·平顿，1968）
材质为金、红宝石。

图 4.38（右） 胸针（马里奥·平顿，1968）
材质为金、红宝石。

营造出精确又理性的光线和空间（图 4.37、图 4.38）。

平顿 1944 年开始在意大利北部小镇帕多瓦的彼得洛塞尔维亚艺术学院任教。当时没有单独的金工部门，但他在教学上的创新和艺术眼光促成了后来被称为"金工首饰"系的成立。通过教学和传播创新的工艺和理论，他培养了众多的首饰家，开创了意大利著名的帕多瓦学派。帕多瓦学派的核心人物弗朗西斯科·帕万、詹帕罗·巴贝托等都是他的学生，他们和马里奥·平顿一起让这个学派名扬天下。

帕多瓦学派开创了几何形态的风格，体现了高度技术的金工和抽象理性的审美。帕多瓦学派的主要代表人物有马里奥·平顿、弗朗西斯科·帕万、詹帕罗·巴贝托、格拉齐亚诺·维辛丁（Graziano Visintin）、斯特凡诺·马切蒂（Stefano Marchetti）和安娜玛丽亚·萨内拉（Annamaria Zanella）等。这些首饰家的创作理念有共性也各有特点，体现了帕多瓦学派精神内核的一致性和多样性。

弗朗西斯科·帕万是平顿的第一个学生。他偏爱几何立方体、圆锥体、金字塔体和球体不寻常的组合，他将其与金、银、铜和镍银进行实验融合。帕万的每一件作品都可以通过其丰富色彩的图案及其纯粹形式来直接识别（图 4.39、图 4.40）。帕万克服了平顿的二维抽象表现形式，被三维的多重表达可能性所吸引。他把简单的元素相加并连接起来，创造出复杂结构的组合解决方案。同时，帕万还学习了更多的机械技术。黄金能激发情感，经过他的知识过滤，使它复活并赋予自己的表现价值。他创作的戒指和手镯都是按照单一的线条设计的，而胸针则体现出鲜明纯粹的抽象感。帕万对几何形态非常热衷，他主张一件首饰不应该是一种个人的表达方式，而应该是冰冷的、抽象的、没有任何象征性的元素和对有机世界的引用，而达到这一点的最好方法就是参考几何世界。

图 4.39 胸针（弗朗西斯科·帕万）
材质为黄金。

图 4.40 项链（弗朗西斯科·帕万）
材质为黄金。

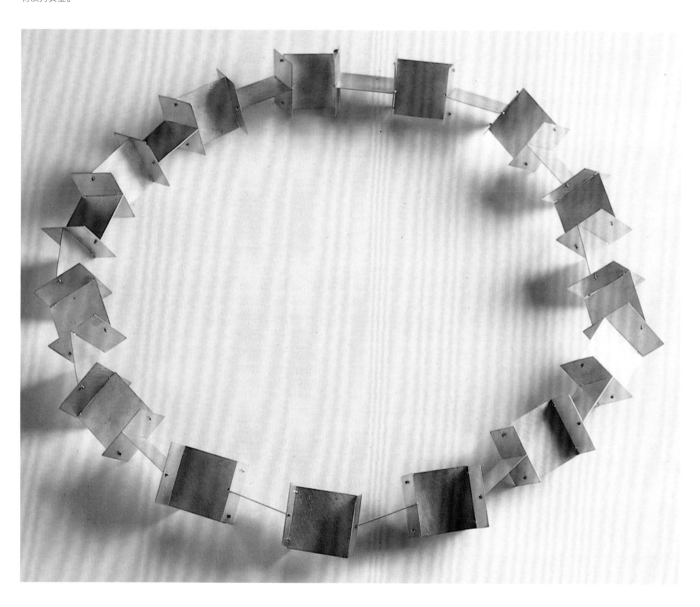

詹帕罗·巴贝托使用颜色和树脂作为材料创作首饰。在20世纪90年代，他冷静的风格呈现出一系列珍贵且微妙的形象。巴贝托的作品对建筑的借鉴非常强烈，有时他的首饰是由一系列不平衡和不连接的刚性结构主导，首饰的形式对其具有重要的意义。巴贝托制作的首饰有一个明确的形式，他希望人们能够理解它既有内在的品质，也有外在的品质，他试图给每件作品一个内在的生命和灵魂。只有这样，首饰才能与观察者建立某种形式的交流。

以上三位意大利当代首饰家作品之间共同因素是形式的纯粹性、平衡感和几何比例，黄金、颜料是这三位艺术家很多作品所共同采用的材料，他们一起享受形式的纯净和令人惊叹的艺术语言。他们在首饰和身体之间建立了紧密的对话，其作品以和谐、精致著称。

格拉齐亚诺·维辛丁现任意大利帕多瓦学校的董事，他一直保持对黄金材料敏感的学校特色，通过在金色表面装饰珐琅和黑金来达到超常大气的效果。他也同样使用纯简的建筑形状，克服许多技术问题，将陶瓷、黄金和黑金等不同的材料组合在一起（图4.41、图4.42）。

图 4.41（左） 胸针（格雷西亚诺·维斯廷）
材质为 18K 黄金、珐琅。

图 4.42（右） 胸针（格雷西亚诺·维斯廷）
材质为金、乌银。

斯特凡诺·马切蒂和安娜玛丽亚·萨内拉属于帕多瓦当代首饰的第三代，数十年来，他们在创造性工作的基础上继续发展，马切蒂在他的胸针和戒指（图4.43、图4.44）中使用了马赛克般的金属镶嵌技术（木纹金），这是艺术家对自己生活的城市波光粼粼的水域的抽象的表达。

图 4.43 胸针（斯特凡诺·马切蒂，
2007）
材质为黄金、银，67 毫米 ×52 毫
米 ×25 毫米。

图 4.44 戒指（斯特凡诺·马切蒂）
材质为黄金、银。

萨内拉被"贫穷艺术"（Arte Povera）所表达的革命思想所吸引。"贫穷艺术"运动在 20 世纪 60 年代末和 70 年代在意大利各地盛行，倡导采用非传统的材料，作为对当代文化和社会价值观的批判。萨内拉的作品通常选用黄金和廉价或低劣的材料（包括腐蚀的铁、碎玻璃和塑料等），她故意远离僵硬的几何和纯金的表面，以颜色和质地的鲜明对比为特色，她利用这些颜色和质地来展现它们与生俱来的美。她制作的胸针表面由明亮的天鹅绒般的黄金色调组成，黑色和红色的大漆以优雅的方式打破了这些色调。萨内拉所获得的令人惊讶的柔软褶皱和色调是一系列化学应用等实验的结果，这些实验和化学应用远远超出了既定的金匠传统（图 4.45、图 4.46）。

图 4.45　胸针（安娜玛丽亚·萨内拉）
材质为铁、红漆、铂金。

图 4.46　胸针（夜之女王）（安娜玛
丽亚·萨内拉）
材质为银、蓝、绿颜料。

作为著名的帕多瓦学派创始人平顿对抽象几何的表达非常热衷，他将首饰的审美从具象扩展到了抽象表达的新境界。在他的影响下，意大利帕多瓦学派一代又一代的首饰家将金匠技艺运用于高度创造性的作品中，这些作品以没有多余的装饰和清晰的几何结构而闻名，让几何学和数学成为首饰艺术上达到完美、神秘和实用的手段。在他的引领下，一代代首饰创作人持续创新，对抽象几何的创作理念既有继承又有发展，让帕多瓦学派不断地壮大辉煌。

另外，对当代艺术首饰创作理念影响较大的还有一些艺术院校首饰专业的负责人，他们鲜明的个人风格和对首饰的热忱对当代艺术首饰的发展也起到了积极的推动作用，其中比较有代表性的人物是卡德里·马尔克（Kadri Mälk）和多萝西娅·普吕（Dorothea pruhl）等。

爱沙尼亚著名首饰艺术家卡德里·马尔克在国内外获奖无数。作为爱沙尼亚艺术学院金属系主任，她将目光投向了爱沙尼亚年轻的首饰一代。她的作品是强有力的、个人的、拥有绝对的爱沙尼亚风格。马尔克的作品是黑暗的、诗意的，完全是她自己的声音。她利用金、银、宝石和煤玉等传统珠宝材料创造出一个独特的"配方"，其忧郁的氛围渗透到她的所有作品之中。她的首饰有丰富的象征细节，特别强调了其神奇意义。马尔克珍视首饰的个性，体现原始的力量和美丽。马尔克主张当代首饰的艺术表达，她强调每个概念、每个理念、每个情绪都是真实的，体现首饰的灵性。

多萝西娅·普吕是德国艺术家，生于 1937 年。1956—1962 年，她就读于德国哈雷市吉尔比肯斯坦（Burg Giebichenstein）设计学院首饰设计专业，师从卡尔·穆勒教授；1972—1994 年，任教于德国哈雷市吉尔比肯斯坦设计学院首饰设计专业；1994—2002 年，任德国哈雷市吉尔比肯斯坦设计学院首饰设计专业系主任；1999 年，获得荷兰奈梅亨首饰画廊 Marzee 提名奖；2009 年，获得德国慕尼黑巴伐利亚国家机构奖。普吕主张首饰可以表达其内心深处的感受，她的设计旨在表达世界上的各种现象。

理念革新的根本原因是创作群体的变化，创作者的思想随着社会的变迁而发生相应变化。社会的进步是外因，艺术的发展及随后的艺术教育普及是当代艺术首饰发展的内在关键驱动力。当代艺术首饰的创作者大多是艺术院校的科班出身，他们的创作主旨体现个人独特的艺术主张，其作品大多以系列的样式呈现，强调个性特质、标志性的艺术风格。优秀艺术家的首饰具有极强的可识别性，因为它们是一种转换成自己个人艺术风格的可穿戴物品。

本章所述的这些欧美人物都是当代艺术首饰发展历程中的中流砥柱，他们每个人都有明确的个性创作理念和艺术主张；毕生都在自己主张的首饰方向上深耕不辍，将首饰定义范围不断扩展，在形式上、概念上大胆突破，不论是风格、内容，还是表现方法、艺术类型都扩大到前所未有的程度。他们的首饰实践成果丰硕，为当代艺术首饰的影响传播起到了极其重要的作用；树立了当代艺术首饰的标杆，一直激励着后来的创作者。他们丰富的创作理念是建立当代艺术首饰的核心，对当代首饰成为独立的艺术门类功不可没，而他们创造性的贡献，让当代艺术首饰得到主流艺术界的认可。正是在他们的不懈努力下，当代艺术首饰这一年轻的艺术类型才能逐渐得以确立。

# 第五章
# 欧美当代艺术首饰的发展前景

Chapter 5　The Development Prospects of Contemporary Art
Jewelry in Europe and America

## 第一节
## 研究与教学

*Section 1　Research and Teaching*

欧美当代艺术首饰的研究与教学和政府相关艺术机构的建立息息相关，特别是与手工艺相关的机构，美国在"二战"后成立了许多这样的机构。例如，1942年美国手工艺合作委员会（ACCC）成立，合并了美国手工艺合作联盟和美国手工艺理事会两个独立的组织。同年，该组织开始出版其官方刊物《手工艺地平线》（*Craft Horizon*，现为《美国工艺》），促进美国手工艺合作委员会的教育目标。美国工匠教育委员会（ACEC）成立于1943年，他们为退伍军人提供工艺方面的辅助培训项目，同时提供图书馆设施和展览。经过多次修改和更名后，自1979年以来，ACCC和ACEC的合并被称为美国工艺理事会（ACC）。

1943年，美国成立手工艺理事会，1971年，英国建立了手工艺理事会。其中，美国手工艺理事会下设的纽约艺术与设计博物馆（原美国手工艺博物馆）、设在罗切斯特理工学院的美国手工艺人学校成为推动美国"工作室手工艺"发展的重要动力。"这些手工艺组织大多自建立之初就在'工作室手工艺''艺术手工艺''职业手工艺'与'传统手工艺''乡土手工艺''业余手工艺''商业手工艺'之间划出了明确的界限，并清楚地表明只有前者才是其资助、支持的对象。"[1]

这些组织机构目标非常明确，这些划分把当代艺术首饰与传统、业余、乡土、商业等手工艺区分开来，表示其侧重点在艺术、职业、工作室等界定范围，明确了主要支持发展的方向，当代艺术首饰的发展正是得益于这种政策。

首先是研究方面。借助机构的刊物，如美国的《金工》（*METALSMITH*）、《手工艺视野》（*Craft Horizon*）、《手工艺》（*Craft*）以及德国的《首饰》（*Schmuck*）等媒介积极促进当代艺术首饰的学术繁荣发展。

其次是教学方面。艺术院校首饰金工相关专业的设立是当代艺术首饰之所以能在"二战"后得到爆发式发展的主因，艺术院校的教育推广了艺术的传播，优化了艺术的生态。首饰等相关手工艺专业的建立为首饰走向当代艺术首饰起到了关键性的作用。

---

1　袁熙旸：《非典型设计史》，北京大学出版社，2015，第317页。

欧美主要发达国家的艺术院校都开设了首饰相关的专业，如欧洲的英国伦敦中央圣马丁艺术学院、皇家艺术学院、爱丁堡艺术学院、谢菲尔德哈勒姆大学、伯明翰城市大学，德国的哈瑙国立制图学院、慕尼黑美术学院，意大利的佛罗伦萨阿基米亚学院、佛罗伦萨欧纳菲首饰学院，荷兰的阿姆斯特丹里特维尔德艺术学院，比利时安特卫普皇家美术学院、布鲁塞尔圣卢卡斯艺术学院，挪威奥斯陆国家艺术学院，西班牙玛莎娜首饰学院等。美国则有罗得岛设计学院、纽约州立大学新帕尔兹学院、弗吉尼亚州联邦大学、宾夕法尼亚泰勒艺术学院、圣地亚哥州立大学、印第安纳大学伯明顿分校、克兰布鲁克艺术学院、威斯康星大学麦迪逊分校等。这些院校开设首饰金工专业、学科带头人积极推广、各种类型的工作营（Workshop）、国际留学生项目、专业研讨会以及艺术家驻地项目等，进一步地促进了当代艺术首饰的发展。

至少在"二战"结束前 30 年，金工的教育已经有了先例，因为公立学校已经将首饰制作作为教师培训课程和手工艺术课程的一部分。对于从军队回来的人来说，金工首饰手工制作被认为是一种很好的战后综合征（创伤后应激障碍）疗法。各个学院开始开设金属加工和首饰制作课程，如美国密歇根州的克兰布鲁克艺术学院（Cranbrook Academy of Art）、堪萨斯大学（the University of Kansas）和印第安纳大学（Indiana University）。这些工艺课程实现了训练退伍军人的值得称赞的社会目的。一些公共机构也承担了类似的项目，如美国纽约现代艺术博物馆的退伍军人艺术中心。1944 年，由美国工匠教育委员会赞助的达特茅斯学院的康复培训项目更名为美国工匠学校，焦点已经改变以适应专业制造商的需要。不到一年，这所学校就成为了纽约阿尔弗雷德大学美术和手工艺系的一部分。该学校强调实用的金匠技术和金属器皿制作。学生们受过训练，以手艺谋生。该校金属系著名的首饰学生有弗雷德·芬斯特、阿琳·费什、约翰·保罗·米勒、罗纳德·海耶斯·皮尔森、斯维托扎尔·露丝·拉达科维奇和奥拉夫·斯科戈弗斯等。皮尔逊把首饰家菲利普·莫顿（Philip Morton）称为他在美国工匠学校的最初导师。可能是由于强调美学而不是实用性的重要性，莫顿在 1948 年被约翰·普里普取代。普里普曾在丹麦接受过培训，并将斯堪的纳维亚的实用方法应用于生产美国的器皿，在一定程度上也应用于首饰。他对新思想的倾向最终导致他自己成为一个革新者。学校于 1950 年再次搬迁，这一次成为纽约罗切斯特理工学院（RIT）的一部分。当另一位丹麦人汉斯·克里斯蒂安森（Hans Christiansen）在 1954 年掌舵 RIT 金属部门时，RIT 的创作方法并没有发生实质性的变化。当时在哥本哈根任乔治詹森（Georg Jensen）模型部负责人的克里斯蒂安森是丹麦现代风格的严格支持者，突出结构和未加修饰的表面。直到 1969 年阿尔伯特·帕利加入学院，学校的理念才得以改变。

首饰作为一种艺术形式在学术上的影响与日俱增，这与战后年轻首饰创作者所受的教育密切相关。

伴随着美国工匠学校的发展，举办过五次重要的银匠研讨会，从 1947 年到 1951 年每年夏天举行一次，由玛格丽特·克雷韦（Margret Craver）发起，由 Handy & Harman 金属精炼厂赞助美国纽约手工艺学校举办了两个工坊。出席会议的重要首饰家包括阿尔玛·艾克曼、约翰·保罗·米勒、罗伯特·A·冯·诺依曼、厄尔·艾伦特和露丝·彭宁顿等。1968 年 11 月，菲利普·莫顿在芝加哥与罗伯特·埃本多夫举行了一次会议。菲利普·菲克、海罗·基尔曼、布伦特·金顿、斯坦利·莱赫茨金、库尔特·马特兹·多夫、罗纳德·海耶斯·皮尔森、奥拉夫·斯科福德组织了一个美国当代首饰家和金匠协会，这是北美金匠协会（SNAG）的起源，许多创始成员是当代艺术首饰运动的先锋。在半个多世纪的历史中，与美国任何其他组织相比，北美金匠协会在将首饰作为一种艺术形式方面所做的努力可能更多，因为它为金匠提供了大量的教育机会，并倡导高质量的作品。

北美金匠协会主办的著名的杂志《金工》（Metalsmith）目前是美国当代艺术首饰界最权威的刊物。1970 年 3 月，由北美金匠协会主办的第一届金匠国际会议在明尼苏达州圣保罗市举行。该会议首次举办了名为"70 年金匠"的展览。该展览由明尼苏达州艺术博物馆圣保罗联合主办，由斯坦利·莱赫金和约翰·普里普主持，共展出 129 名美国和加拿大金匠的作品。1970 年 6—9 月，纽约当代工艺美术馆展出了该展览所讨论的主要趋势的作品。以上这类学术活动让首饰家得到了更多的交流机会，艺术首饰作品也得到更多亮相，造成了巨大的社会影响力，这类展览大大地促进了当代艺术首饰的良性发展。除了上述所有影响因素以外，还有一股力量也不可忽视，那就是在于发展起了专门化的艺术批评，培养术业有专攻的学者，培育持续、稳定增长的艺术市场。

另外，当代艺术首饰相关专著的大量出版也对首饰的发展起到了不可或缺的作用，如美国的 Lark 和 Schiffer Publishing Ltd 出版社、德国的斯图加特的 Arnoldsche Art Publishers 出版社等。这些出版社以最新锐的视角推出了大量的当代艺术首饰专著，这些学术著作的出版发行无疑也为当代艺术首饰的研究、教学、发展和传播起到了积极的促进作用。

## 第二节
# 展示、销售与收藏
Section 2　Display, Sales, and Collection

欧美当代艺术首饰近年来高速发展，产业销售市场也随之应运而生，作为一个相对较新的领域，必须要形成一个好的产业模式，即形成良性的产业闭环。产业闭环模式的特点是：产业的各个环节缺一不可，先后次序不可颠倒、并紧密衔接、连成一体，周而复始，循环不停，各循环之间相互协调、相互促进。欧美当代艺术首饰的繁荣必然带来终端销售环节，而销售环节的繁荣则会进一步加速其发展，所以欧美当代艺术首饰最终离不开展示、销售与收藏。

因为对当欧美艺术首饰的学习不能仅限于其创意层面，所以本章节重点阐述欧美当代艺术首饰的终端环节——展示、销售与收藏。作为艺术品类别的当代首饰，它的商业模式更多地与艺术品的商业模式趋同，其展示以专业展览、展销会、博物馆、画廊等为主，如大型展会、主流美术馆和艺廊的展览等。目前欧美当代艺术首饰相关的大型展会有美国的 SOFA、德国的 SCHMUCK、西班牙的 JOYA，近年来又新增加了"雅典首饰艺术节"和"意大利首饰节"等以各个国家城市命名的首饰节。

SOFA 是 1994 年创始于美国芝加哥的"雕塑品与功能性艺术国际博览会"（The International Exposition of Sculpture Objects and Functional Art，简称 SOFA），它是国际公认的最具影响力的高端手工艺展销活动。每年两度的 SOFA 展（芝加哥和纽约）是来自世界各地的手工艺家与手工艺画廊展示当代最高水准手工艺创作成果的华丽舞台，也是各国手工艺博物馆与私人收藏家趋之若鹜的探宝良机，它对宣传、推动当代世界高端手工艺的发展起到了相当大的促进作用。

SOFA 展是当代艺术首饰集中展示的重要国际平台，它每年的展示都是当代首饰和手工艺发展的最前沿，最新趋势和风向都可从此获得。

SCHMUCK 展览是世界上最古老的当代艺术首饰展。从 1959 年开始，SCHMUCK 每年 3 月在德国慕尼黑国际技能贸易博览会期间作为一个特别展览举行。半个世纪多以来，当代艺术首饰爱好者和珠宝商都会在每年的 3 月涌向慕尼黑参加这个展览交易会。围绕 SCHMUCK 特别首饰展在慕尼黑全市范围内开展广泛的活动，它是每年在慕尼黑举行的首饰和金工人聚会的焦点和真正的动机。在每年 3 月的博览会期间，从事应用艺术和技术工作的年轻人才和经验丰富的艺术家将有机会在该博览会上展示他们的作品。同时，SCHMUCK 展览还设立"赫伯特霍夫曼奖"（Herbert-Hofmann-Prize）和"巴伐利亚州奖"（Bavarian States Prize）等奖项，每年只有最具创意的人才能获得这些奖项。另外，德国慕尼黑国际技术贸易博览会还特设"泰伦特奖"（Talente）评比，"泰伦特奖"的目标是鼓励具有特殊手工艺才能的年轻人，并向感兴趣的观众展示新一代手工艺作品和贸易的巨大潜力。这个展会展示最新的、最特别的作品，呈现以形式或技术考虑的实验成果，强调手工制作的艺术品。SCHMUCK展会对工艺人才的创作理念创新起到了积极的推动作用。

在当代艺术首饰的发展历程中，有一些重要的展览值得被铭记，这些展览为首饰艺术地位的确立起到了至关重要的作用。如1946年在纽约现代艺术博物馆举办的"现代手工首饰展"（Modern Manufacture Jewelry）是一个由画家、雕刻家和艺术首饰创作者的群展，是可穿戴艺术作为一种运动在美国最早得到承认的主要展览之一。此次展览的一个重要目的是将"艺术家作为首饰家"和"首饰家作为艺术家"的作品汇集在一起，共展出135件作品，亚历山大·考尔德、雅克·利普契茨、理查德·鲍塞特·达特和雅克·利普希茨等著名艺术家与玛格丽特·德帕塔和山姆·克莱默等工作室首饰运动的先驱人物作品一起展出。这次展览强调的是创新而不是技术的完善，展示融合了包括安全别针在内的各种五金制品的特殊材料的伟大精神和活力设计，展出的作品显示出对许多商业、服装和珠宝等传统设计的强烈反差。现代艺术博物馆的馆长主要选择手工制作的首饰，也包括画家和雕塑家制作的首饰作品。这些"纯"的艺术家被认为可以给首饰带来信誉，如保罗·洛贝尔、玛格丽特·德帕塔、艾达·赫斯特·安德森等。在此以前从未出现过这样的展览，其展览的大多数首饰的创作概念是全新的。在现代艺术博物馆的领导下，明尼阿波利斯的沃克艺术中心在1948年、1955年和1959年组织了"50美元以下的首饰"。这些展览都是巡回展出的，负责向全国各地的人们介绍新的手工首饰，这几次在明尼阿波利斯沃克艺术中心举办的这一系列活动以及随后的现代首饰展，表明自"二战"结束以来，一小部分首饰家在引导首饰进入艺术领域方面所取得的认可。这一运动的势头一直在向当代实践者发展，他们认为自己是将首饰作为艺术媒介的艺术家，首饰成为展览主要的主题。

除了展览以外，博物馆也是当代首饰展示的另一重要的途径。欧美收藏展示当代艺术首饰的博物馆主要有美国的现代艺术博物馆、法国的巴黎装饰艺术博物馆、英国的维多利亚和阿尔伯特博物馆、德国的施穆克博物馆、瑞士的洛桑当代设计与应用艺术博物馆、荷兰的CODA博物馆等。

德国的施穆克博物馆（Schmuckmuseum）是世界上唯一专门收藏首饰的博物馆，自1967年起就举办了SCHMUCK展览，展览名为 *Tendenzen*（趋势）。博物馆馆长弗里茨·福克（Fritz Falk）博士一直被视为当代艺术首饰作品的"朋友"，他支持展示创新作品的趋势：创新首饰展品打破了所有的壁垒——材料、形式、目的、条件、展示、可穿戴性、经济性和概念基础等。博物馆中的收藏品大多数之所以引人注目，正是因为它们的形式、技术、材料甚至功能方面都不是主要源自传统首饰……有迹象表明，当代艺术首饰创作者们正在努力表达与经济、政治、社会危机和当代时尚之间令人不安和暧昧的关系。

1956年，当时被称为美国工艺理事会（American Crafts Council）的附属机构当代工艺博物馆（Museum of Contemporary Crafts）成立，这是世界上最重要的工艺美术场馆。和美国工艺理事会一样，它的诞生也要归功于艾琳·奥韦伯的远见。当代工艺博物馆（1979年更名为美国工艺博物馆）是美国第一个专门致力于促进美国当代手工艺的博物馆。20世纪60年代，它举办了名为"像黄金一样好"的巡回展览（1981年史密森学会巡回展览），该展展示了艺术家们当时正在探索的许多另类材料，与公众更熟悉的传统贵重金属和珠宝材料不同。这次展览的关键在于它向其他领域工作的艺术家及公众展示了这一现象。

当代艺术首饰的销售地点通常是专业艺廊和艺术机构。20世纪50年代，几家专门展示和销售精美工艺品的商店和艺廊落成。其中最具影响力的是一号店，1952年由约翰·普里普、罗纳德·海斯·皮尔森、陶艺家弗兰斯和木工泰格·弗里德在纽约罗切斯特开设。艺廊的展览是当代艺术首饰推广的重要途径之一，在某种程度上，传统画廊继承了宫廷的遗产，成为社会上展示最好的稀有珠宝的空间，它面向富贵阶层，而当代艺术首饰原则上是任何人都可以享受的。首饰特定艺廊的兴起，目的是促进、传播、介绍和宣传这一类型作品。这些艺廊深刻理解并重新呈现作品的背景，这主要是因为几乎所有艺廊都是由当代首饰创作者自己建立的。这种艺廊不仅在展览中展示首饰作品，还是艺术家之间举办讲座、交流和社会活动的场所，几乎所有著名的当代首饰创作者都曾在艺廊展出过作品。

当代首饰家创作的作品往往是独一件的作品，即孤品，他们很少将作品量产，即便有限量版，也只是制作很少的数量。制作者的身份以及作品的类型和展示的地点是区分当代艺术首饰与否和决定其市场价格的主要因素。欧美经营当代艺术首饰的艺廊众多，其中比较有代表性的是海伦·德鲁特艺廊（Helen Drutt Gallery，美国）、Electrum艺廊（Electrum Gallery，英国）、RA艺廊（Gallery RA，荷兰）、Marzee艺廊（Gallery Marzee，荷兰）、光谱艺廊（Spectrum，英国）、Reverso艺廊（Galeriea Reverso，西班牙）等。

海伦·德鲁特艺廊是海伦·德鲁特（Helen Drutt）在美国宾夕法尼亚州费城城市中心西区开设的一家同名艺廊，成立于1973年，主要关注当代艺术首饰。她通过艺廊拓展自己的学术、演讲、写作等，凭借对首饰艺术家的崇敬以及策展人的敏锐，德鲁特为当代艺术首饰吸引了一批追随者。

拉尔夫·特纳（Ralph Turner）和芭芭拉·卡特利奇（Barbara Cartlidge）是英国Electrum艺廊（1971）的联合创始人，该艺廊是欧洲最早的当代艺术首饰艺廊之一。但他们在 1974 年分道扬镳，特纳最终成为工艺委员会的展览负责人，并继续经营 Electrum 艺廊。

RA 艺廊是荷兰当代首饰家保罗·德雷兹（Paul Derrez）在 1976 年建立的，主要经营当代首饰，RA 艺廊是对荷兰和英国首饰最重要的影响之一，此艺廊的作品引起了欧美鉴赏家的强烈兴趣。

Marzee 艺廊位于荷兰东部城市奈梅根，坐落于瓦尔湖岸，毗邻德国。该艺廊由 Marie-José van den Hout 于 1978 年成立，它是全球推动当代艺术首饰的领军艺廊，在当代艺术首饰领域拥有至高声誉。它收藏了众多著名的当代首饰大家的作品，其中包括奥托·昆兹利、尤特·艾岑霍费尔、拉蒙·普伊格·库亚斯、露西·萨尼尔、托雷·斯文森等，平均每两个月策划组织一次展览。自 1986 年起，Marzee 艺廊开始致力于推广当代艺术首饰的新生力量，在每年毕业季艺廊主会亲自前往欧洲各大院校挑选作品，同时它也接收澳大利亚、新西兰、美国、中国等高等院校学生的投稿。每年 8—10 月，艺廊会展出获选作品，同时会为候选的毕业生提供 3 天的学习机会。毕业生中的优异者将被授予"毕业生奖"。Marzee 艺廊对欧洲当代艺术首饰的推广销售和人才发掘来说功不可没。

其他比较著名的当代首饰艺廊还有位于西班牙里斯本的有 20 年历史的 Reverso 艺廊（Galeriea Reverso）、英国布里斯托尔的阿诺菲尼艺廊（The Arnolfini Gallery）等，这些艺廊一直都是展示和推广当代艺术首饰的典型场所。

以上所述的一批专业性极强、眼光独特的博物馆和艺廊为当代艺术首饰的进一步发展发挥了至关重要的作用，它们促进了当代艺术首饰的终端市场流通，对此种首饰业态的良性发展意义非凡。

此外还有一些代表性个人经销商，如经销商查隆·克兰森（Charon Kransen）为了在北美推广来自世界各地的当代艺术首饰，1993 年他在纽约曼哈顿上西区成立了公司"查隆·克兰森艺术"（Charon Kransen Arts），代理近 150 位首饰家的作品。该公司每年在世界各地的各种艺术展上展出当代首饰，如纽约"SOFA"展、芝加哥"SOFA"展、圣达菲"SOFA"展、棕榈滩艺术展、纽约国际艺术与设计展等。作为一个私人经销商，这个公司的收藏品包括著名和新兴艺术家的当代首饰，这些作品可以在世界各地的博物馆和私人收藏中找到。查隆·克兰森公司侧重的是艺术家的个人视觉和创新的方法，其挑选的首饰特点是使用广泛的材料，从纸到贵重材料都有涉及。"查隆·克兰森艺术"同时还在美国、欧洲、澳大利亚和南美洲举办讲座和研讨会，推广首饰、金属和设计等各个方面的图书和展览目录，并积极开展推动当代艺术首饰的活动。

另外随着网络的发展，网站也成为当代艺术首饰推广销售的高效终端，欧美比较有影响力的当代艺术首饰类网站有"艺术首饰论坛"（Art Jewelry Forum，简称 AJF）、KLIMT02.net 等。"艺术首饰论坛"网站创始于美国，成立于 1997 年，旨在推广当代艺术首饰。当代艺术首饰走的是一条与时尚、设计、工艺、雕塑和建筑相关但又独立的路线。"艺术首饰论坛"网站的社区是一个由艺术家、收藏家、爱好者、策展人和美术师组成的团体，他们热爱自己的事业，将独特的艺术形式和艺术表现完美地搭配起来。

"KLIMT02.net"网站成立于 2004 年，它的目标是传递全球范围内当代艺术首饰的动态，提升创造力在首饰领域的价值，致力于整合信息资源，向全世界积极推广当代首饰和工艺。通过与全球当代首饰家合作，"KLIMT02.net"能够根据特定的艺术原则来发布被选择的作品来明确概念标准，倡导高标准的技术和可佩戴性。"KLIMT02.net"成立的初衷是创造一个空间，用来展示当代首饰艺术家的作品以及与这个主题相关的任何事物，即建立一个可以获得信息、进行咨询或交流的平台，在这个平台展示全世界艺术家的首饰和工艺作品，最新的展览、比赛、讲座信息，策展人、教师、业内人士的采访和相关文章，艺廊、学校、机构和艺术图书的介绍等。"KLIMT02.net"目前是世界当代艺术首饰领域最权威的网站之一。

欧美当代艺术首饰的发展某种程度上还得益于众多的收藏家，收藏家群体使当代首饰领域成为众人瞩目的焦点，他们光顾画廊、支持创作者、为首饰专题展览提供专业的学术出版物。他们已经积累了大量的收藏品，每一件作品都是高度个性化的，这些藏品代表了这一领域最重要的成就。目前，欧美最有代表性的收藏家有海伦·德鲁特（Helen Drutt）、洛伊斯·博德曼（Lois Boardman）、唐娜·施奈尔（Donna Schneier）、达芙妮·法拉戈（Daphne Farago）、罗丝·阿森鲍姆（Rose Asenbaum）、马扬·昂格（Marjan Unger）、罗纳德·库佩斯（Ronald Kuipers）等。这些收藏家都是当代艺术首饰的推崇者，有些本身就是当代艺术首饰的从业者，如海伦·德鲁特就是海伦·德鲁特艺廊主理人，马扬·昂格是研究首饰理论问题的荷兰艺术史学家。他们凭借着对当代艺术首饰的热爱，终其一生进行收藏，他们大多慷慨地将自己的收藏品或捐赠或并购入各大艺术博物馆，与此同时进行相应的大型当代首饰展并出版展览画册，进行学术推广。

目前，有相当一部分收藏家通过这种途径帮助世界上一些主要的博物馆在当代艺术首饰领域建立自己的藏品。当代艺术首饰对于博物馆来说是一个比较新的研究和获取领域，对于现代收藏界来说是独一无二的，因为它是非常个性化的艺术品，众多博物馆的热情欢迎和不断增长的收藏家的慷慨大方，使得当代艺术首饰有了一个公共平台。

当被问及当代首饰收藏品的重要性以及收藏家们为之提供便利时，美国艺术设计博物馆（Museum of Arts and Design）的馆长纳奈特·L. 莱特曼（Nanette L. Laitman）和格伦·亚当森（Glenn Adamson）说："我们之所以在 MAD（艺术设计博物馆）如此推崇首饰，一个原因是它将艺术家的思想集中在如此浓缩的形式中。创造一个确定的收集这些物品的机会仍然更强大，因为它展示了媒介的巨大可能性。归根结底，博物馆和收藏家正朝着这个共同的目标努力，交流和保存我们高度尊重的艺术家的作品。"

　　展示、销售与收藏体系的建立对当代艺术首饰未来的发展意义重大，更多的展示让公众得以了解这个行业，尤其是在主流博物馆的展示，更是起到了一种认可和示范的作用。它会带来一种导向作用，为当代首饰走入主流艺术领域提供话语权。销售是一个行业或专业健康良性发展的保证，这一点与纯艺术领域销售路径的完善是一个道理，渠道的建立是关键，只有渠道健全，流通才能顺畅。收藏的本质是销售的一个环节，但良好的收藏体系又起到了普通销售所起不到的作用。收藏家们大多是高层次的消费者，这群人有着极高的品位、经济实力和艺术眼光。不同于零星的购买，收藏家在繁多的首饰作品中精准筛选，精心选择最具代表性的首饰家作品，这种收藏是有目的、有体系地进行收购，如上文中的收藏家达芙妮·法拉戈就专注于现当代著名艺术家领域，她的藏品几乎囊括了所有 20 世纪著名的主流艺术家跨界创作的首饰，这些收藏对首饰创作的纯艺术发展趋势提供了有力的证据。再如前纽约收藏家唐娜·施奈尔在 20 世纪 80 年代开始收集当代艺术首饰，她根据自己的理念挑选首饰，以策展人的敏感挑选每一件作品，旨在记录当时最具影响力的艺术家最具权威性的物品。上述的这类收藏行为本身就是在做学术归纳，无论是按风格、地域或年代范围内的梳理，还是个人独特的收藏定位，这种收藏对当代艺术首饰领域的学术贡献意义是巨大的。一个行业的良好发展离不开完整的产业闭环的建构，最终随着创作、展示、销售和收藏体系的建立完善，当代艺术首饰一定会迎来更加健康茁壮成长的明天。

## 第三节
# 身份确立

当代艺术首饰虽然经历了近一个世纪的历程，但就目前而言，仍处在发展阶段，未来的走向还有待观察。如今，当代艺术首饰正在经历与现代艺术时代崛起的新兴艺术相类似的阶段，对当代艺术首饰是否可以归入艺术阵营还是会有许多的质疑。

当代艺术首饰的发展目前还存在着被主流艺术接纳的问题，传统美术媒介艺术家不愿意赋予首饰"艺术"的完整地位。文艺复兴以来，绘画和雕塑的解放过程才刚刚开始扩展到陶瓷、玻璃、纤维和首饰，但仍有许多人抵制这一趋势，他们认为首饰无论是如何构思的，都是工艺；工艺，即功能性艺术品的制作，永远不可能是艺术。许多现代艺术都抵制功能的观念，实用性和审美自由被认为是不一致的。许多人认为，为了进入艺术殿堂，首饰必须避开任何功能，就好像陶瓷在尝试进入艺术领域时都遵循了非功利的原则。笔者非常认同艺术家盖塔诺·佩斯（Gaetano Pesce），家具艺术最伟大的实践者之一，所提出的观点："如果一个物体承载着一种新的创造力，一种新的语言，一种技术和物质的创新，并且满足了一种实践的需要，我不认为什么会妨碍它作为一种艺术的范例来考虑……重要的是挑起疑问，制造对既定价值观的不安全感。"[1]

美术馆馆长想要知道如何吸引新的观众，即使他们非常清楚当代艺术首饰将永远是一个小众市场；思想家、教师及策展人需要给当代艺术首饰作品进行定义，划定好作品边界的范围；学校努力在艺术课程和给学生提供就业能力之间保持平衡，而收藏者小心斟酌着他们对藏品的热情是否真的值得……当代艺术首饰必须回答一个问题：在一个不断扩张的世界里，许多原本的边界都在模糊：摄影、装置、影像、表演、雕塑、纹身、地景艺术、设计、工艺、3D科技、虚拟现实……艺术首饰可以涉猎以上所有领域。但是，当代艺术首饰的本体究竟在哪里？它要去向哪里？这些关于首饰身份的问题都值得深思。

当代艺术首饰创作理念的特点是使首饰具有抽象性、雕塑性和艺术性，削弱功能性、传统性。当代艺术首饰的创作理念在于充分发展"手工艺"的潜质，将其重新定位为沟通装饰艺术与纯艺术、设计、时尚的媒介，当代艺术首饰是独一无二、手工制作的概念性或观赏性的作品。当代艺术首饰理念的发展与手工艺的发展息息相关。当代艺术首饰的创作理念不再满足于材质与工艺手段，它更看重的是观念的激进、思考的深邃、个性的彰显、性情的抒发，以及艺术语言、技术手段的锐意创新、大胆实验。当代艺术首饰创作理念其中一种重要的方向就是摆脱传统的枷锁，尽力向纯艺术靠拢，走上"艺术首饰"之路。通过植入先锋艺术、实验艺术的观念、方法、程式，实现自身脱胎换骨式的现代转型。再者，在经历了现代

1　Susan Grant Lewin, *One of A Kind—Amerian Art Jewelry Today* (New York: Harry N. Abrams, 1994), p.12.

主义与后现代主义之后，当代艺术首饰在现成艺术、波普艺术、装置艺术、影像艺术甚至观念艺术、行为艺术等各种前卫的艺术上的尝试都已司空见惯、了无新意之时，媒介与手段丰富多样的手工艺才是首饰艺术的突破口与实验园地。

当代艺术首饰重新回归手工艺，回归手工，回归到人的思考与劳动结合的本性。俄国哲学家乔治·古吉夫（George Gurdjieff, 1872—1949）就曾说过："所有好的艺术都来自脑、心、手的结合。"当代艺术首饰可以以更加开放的姿态来接纳纯艺术，首饰创作人很大程度上追求站在纯艺术家的阵营中，彻底采用前卫艺术的创作理念与批评标准。正如美国 SOFA 展会创始人马克·雷曼（Mark Lyman）于 2007 年 5 月在 SOFA 网站的博客上发表了名为《工艺还是后工艺？》(*Craft or Post-Craft?*) 文章中提出了"后工艺"的概念。他说，"后工艺"的三个基本特征是"抽象性、雕塑性取代功能性""复杂的智识性内涵""新材料的实验与探索"[1]。这种说法与当代艺术首饰的创作理念高度契合。

当代首饰作为一种重要的艺术形式，已经慢慢扎下了根，目前正在变得越来越普及。互联网是一种媒体、一种传播工具和消费手段，毫无疑问，互联网将会促进当代艺术首饰的继续发展，将来的首饰一定会有许多新的变化。笔者认为，当代首饰不能一味地作为纯艺术的追随者，首饰艺术家们必须强化当代首饰的独立艺术身份，坚持不懈地实践，进一步探究当代首饰区别与其他艺术形式的本质，确立自己的独特身份。只有这样，当代艺术首饰才有出路，才不会沦为艺术的二等公民，从而让当代艺术首饰立于当代艺术之林。

1  袁熙旸:《非典型设计史》，北京大学出版社，2015，第310-313 页。

# 结　语
## CONCLUSION

　　欧美当代艺术首饰是一种以艺术为核心的首饰类型，它可以以艺术的风格类型标准来界定，但它同时又是艺术、手工艺、设计和时尚的融合。它依托于悠久的历史、宽泛的材料、众多的加工工艺，和人体关系密切，涉及宝石学、金属学、艺术学、设计学、材料学、社会学等众多学科。当代艺术首饰对新材料不断寻求与研究，对工艺全新运用，跨越首饰的传统界限，对创意和新风格进行探索，以观念和实验的方式表达其独特的理念，它的创作理念融合艺术、挑战规范、变革传统、实验先锋。当代艺术首饰创作理念的发展，其实本质就是首饰的概念被不断扩展的过程，从最初的人体装饰逐渐演变为当代艺术的一个宏大的概念。当代艺术首饰的发展是对传统首饰的不断挑战的过程。首饰发展到今天，已经快走向极限甚至已走向概念的泛化。当代艺术首饰越来越与功能脱节，从某种程度上可以说它其实是手工艺的逆流，大工业时代背景下人心的回归。

　　当代艺术首饰目前定位不清，处于一个灰色中间地带，它不从属于任何一种艺术门类，当下当代艺术首饰就处于两边都不认同的尴尬境地：当代艺术领域认为当代首饰不是纯粹的艺术，而是实用艺术；而商业首饰，尤其是珠宝首饰也认为当代首饰材料廉价或做工粗糙，根本就不算首饰（珠宝）。因此，当代艺术首饰问题的核心是：要艺术，还是要首饰？首饰家将挑战性的思考反映在他们作品中，他们接受"多元化"的表达、广泛的审美，开放智力和情感的表达，打破传统的模式，进入雕塑甚至表演艺术的交叉领域，敢于拓展自己的概念。当代艺术首饰可以说在工业化的社会中充当了一个必要的反面，一种使人回忆起工业是从何处发展而来的提示。

　　笔者认为，当代艺术首饰不能与现实的社会环境相脱离，而是应该充分地挖掘首饰自身区别于现当代艺术的特质，就如同艺术门类可以分为建筑、绘画、雕塑、音乐、舞蹈一样，每种艺术形式都有其独一无二、不可替代的特质，而不是让当代艺术首饰去充当一个现当代艺术的追随者，沦为艺术的二等公民。如何充分体现首饰特质才是当代艺术首饰当下需要重点思考的方向。可以把当代首饰看作为当代艺术的有机组成部分，当代艺术首饰的关键问题是：它终极的目标是朝向艺术还是首饰，也就是说当代艺术首饰最终是要成为加入首饰相关元素的当代艺术，还是加入当代艺术的首饰，这个终极归属问题对解决首饰的未来方向至关重要。也许当代首饰就是自身，它足够强大，自成一体。

当代首饰艺术家们把首饰定义的边缘向外扩展，扩大了首饰的适用范围，并质疑首饰的本性，质疑首饰在社会中的作用。当代艺术首饰是一种灵活的媒介，是一种随身佩戴的艺术品，它的创作理念既从艺术中借鉴，也从传统中参照，它正在不断地演进，以一种当代艺术实践的方式一直向前。当代艺术首饰穿越或模糊媒介和学科之间、艺术和生活之间的界限，它最后又将要回到古希腊伟大的哲学家柏拉图提出的著名的哲学命题："我是谁，我从哪里来？我要到哪里去？"

传统首饰更多的是奢华和劳作的结合，当代艺术首饰和艺术之间随着时代的发展逐渐融合，没有界限，可以说，当代艺术首饰的起点就是当代艺术的创作理念。当代艺术首饰作品存在实用性与艺术性、创作的个性与社会大众的实用需求和审美之间平衡的矛盾。当代艺术首饰追求艺术性、独创性，手工制作的独一无二的首饰由于产量稀少，售价过于高昂，从而无法真正进入普通大众的日常生活，这一内在矛盾一直存在，这是当代艺术首饰发展需要深入思考的问题之一。首饰创作者们试图让首饰这样一种具有一定实用性的物品承载过多、过重的内涵。这种努力能否获得成功，从世界各地博物馆的首饰收藏中，我们已经有了肯定的答案。当代艺术首饰本质上更接近手工艺，当代艺术首饰提供了艺术与设计之外的另一种选择，它的价值就在于其开放性的概念。

欧美当代艺术首饰的成果可以为我国当代艺术首饰的发展提供了必要的参考，同时也让我们反思，我们的首饰创作者如何在国际的视野下实现创新？如何探索当代语境下首饰设计与艺术、手工艺、时尚融合发展的路径？如何为当代设计赋予首饰的多元再生提供了新的可能性？我们对首饰学科教育、产业发展、艺术的多元发展能做些什么？如何做一个具有国际视野的艺术首饰创作者？回顾自身，放眼全球，展望未来，相信当代艺术首饰一定会更加繁荣，明天一定会更加美好，必将成为沟通艺术与设计、传统与未来的神奇桥梁。

# 参考文献
REFERENCES

[1] 王受之.世界现代设计史:第二版[M].北京:中国青年出版社,2015.

[2] 辞海[M].上海:上海辞书出版社,2022.

[3] 孙晨阳,张珂.中国古代服饰辞典[M].北京:中华书局,2015.

[4] 杭间.从制造到设计:20世纪德国设计[M].济南:山东美术出版社,2013.

[5] 许平.设计真言[M].南京:江苏美术出版社,2010.

[6] 乔纳森·伍德姆.20世纪的设计[M].上海:上海人民出版社,2016.

[7] 邵宏.西方设计[M].长沙:湖南科技出版社,2010.

[8] 李砚祖.外国设计艺术经典论著选读[M].北京:清华大学出版社,2006.

[9] 徐恒醇.设计美学[M].北京:清华大学出版社,2006.

[10] 袁熙旸.非典型设计史[M].北京:北京大学出版社,2015.

[11] 杭间.包豪斯道路:历史、遗泽、世界和中国[M].济南:山东美术出版社,2010.

[12] 弗兰克·惠特福德,林鹤译.包豪斯[M].北京:生活·读书·新知三联书店,2001.

[13] 邬烈炎.来自观念的形式[M].南京:江苏美术出版社,2004.

[14] 李砚祖.艺术设计概论[M].武汉:湖北美术出版社,2009.

[15] 杭间.手艺的思想[M].济南:山东画报出版社,2001.

[16] 杭间.中国工艺美学史[M].北京:人民美术出版社,2007.

[17] 柳宗悦.工匠自我修养[M].武汉:华中科技大学出版社,2016.

[18] 张道一.造物的艺术论[M].福州:福建美术出版社,1989.

[19] 杭间,张夫也,孙建君.装饰的艺术[M].南昌:江西美术出版社,2001.

[20] 马克·西门尼斯.当代美学[M].北京:文化艺术出版社,2005.

[21]　王南溟.观念之后:艺术与批评[M].长沙:湖南美术出版社,2006.

[22]　马永建.后现代主义艺术20讲[M].上海:上海社会科学院出版社,2006.

[23]　岛子.后现代主义艺术系谱[M].重庆:重庆出版社,2001.

[24]　曹小鸥.国外后现代设计[M].南京:江苏美术出版社,2002.

[25]　陈奇相.欧洲后现代艺术[M].北京:三辰影库音像出版社,2010.

[26]　皮埃尔·卡巴纳.杜尚访谈录[M].王瑞云,译.桂林:广西师范大学出版社,2001.

[27]　葛鹏仁.西方现代艺术后现代艺术[M].长春:吉林美术出版社,2000.

[28]　贺万里.中国当代装置艺术史1979—2005[M].上海:上海书画出版社,2008.

[29]　罗斯玛丽·兰伯特.剑桥艺术史20世纪艺术[M].钱乘旦,译.南京:译林出版社,2017.

[30]　黑格尔,薛富兴.美学导读[M].天津:天津人民出版社,2009.

[31]　Julian Stallabrass.当代艺术[M].王瑞廷,译.北京:外语教学与研究出版社,2010.

[32]　滕菲.灵动的符号:首饰设计实验教程[M].北京:人民美术出版社,2004.

[33]　郭新.珠宝首饰设计[M].上海:上海人民美术出版社,2009.

[34]　石青.首饰的故事[M].天津:百花文艺出版社,2003.

[35]　杭海.妆匣遗珍[M].北京:生活·读书·新知 三联书店,2005.

[36]　刘骁.当代首饰设计:灵感与表达的奇思妙想[M].北京:中国青年出版社,2014.

[37]　滕菲.十年·有声:中央美术学院与国际当代首饰[M].北京:中国纺织出版社,2012.

[38]　詹炳宏.2013北京国际首饰艺术展[M].北京:中国纺织出版社,2013.

[39]　詹炳宏.2015北京国际首饰艺术展[M].北京:中国纺织出版社,2017.

[40]　Design-Ma-Ma设计工作室.当代首饰艺术:材料与美学的革新[M].北京:中国青年出版社,2011.

[41]　郑静.现代首饰艺术[M].南京:江苏美术出版社,2002.

[42]　爱德华·卢西-史密斯.世界工艺史[M].杭州:浙江美术学院出版社,1992.

[43]　王树良,张玉花.现代设计史[M].重庆:重庆大学出版社,2012.

[44]　埃米·登普西.风格、党派和运动[M].北京:中国建筑工业出版社,2017.

[45]　汪正虹.可佩戴雕塑—身体、空间、器物研究[D].杭州:中国美术学院,2013.

[46]　David Watkins. Artist in Jewellery[M] .Stuttgart: Arnoldsche Art Publishers,2008.

[47]　Charlotte , Peter Fiell. 100 Ideas that Changed Design[M] .London: Laurence King Publishing

Ltd,2019.

[48] Oppi Untracht.Jewelry Concepts and Technology[M]. New York: Doubleday&Company，INC.，Garden City,1982.

[49] Jivan Astfalck，Jane Adam，Paul Derrez. New Directions In Jewellery Ⅰ [M]. London: Black Dog Publishing,2005.

[50] Lin Cheung，Indigo Clarke，Beccy Clarke. New Directions in Jewellery Ⅱ [M]. London:Black Dog Publishing,2006.

[51] Le Van Marthe.The Penland Book of Jewelry[M]. Asheville: Lark Book,2011.

[52] Snyder Jeffrey B. Art jewelry today 2[M]. Atglen: Schiffer Publishers,2008.

[53] Snyder Jeffrey B. Art jewelry today 3[M]. Atglen: Schiffer Publishers,2011.

[54] Bernabei Roberta. Contemporary jewelers: interviews with European artists[M].Oxford: Berg Publishers,2011.

[55] Eitzenhöfer Ute. Nsaio6:New Jewellery From Idar Oberstein[M]. Stuttgart: Arnoldsche Art Publishers,2016.

[56] Venet Diane. From Picasso to Jeff Koons: the artist as jeweler[M]. London: Thames & Hudson，2011.

[57] Hans Schullin，Sophie Beer. 1990s Jewellery: The Hans Schullin Collection[M]. Stuttgart: Arnoldsche Art Publishers,2017.

[58] Mark fenn. Narrative Jewelry:Tales From the Tollbox[M]. Atglen: Schiffer Publishers,2018.

[59] SendPoints. Barbara Cartlidge and Electrum Gallery: A Passion for Jewellery [M]. Stuttgart: Arnoldsche Art Publishers,2016.

[60] Lark Books.Master: Gold Major Works by Leading Artists[M]. Asheville: Lark Book,2009.

[61] Lark Books.Master: 500 Silver Jewelry Designs: The Powerful Allure of a Precious Metal[M]. Asheville: Lark Book，2011.

[62] Lark Books. Master: 500 Plastic Jewelry Designs: A Groundbreaking Survey of A Modern Material[M]. Asheville: Lark Book,2009.

[63] Hufnagl Florian，Sammlung Die Neue，Otto Kunzli. The Book[M]. Stuttgart: Arnoldsche Art Publishers,2013.

[64] Hildegard Becher.Friedrich Becker: Schmuck.Kinetik.Objekte [M]. Stuttgart: Arnoldsche, 2001.

[65] Ida Van Zijl. Gijs Bakker and Jewelry[M]. Stuttgart: Arnoldsche Art Publishers, 2007.

[66] Marjan Unger, Iris Bodemer Rebus.Jewelry 1997-2013[M]. Stuttgart: Arnoldsche Art Publishers, 2014.

[67] Marthe Le Van.Push Jewelry: 30 Artists Explore the Boundaries of jewelry[M]. Asheville: Lark Book, 1990.

[68] Rothmann Gerd.Gerd Rothmann: Catalogue Raisonn [M]. Stuttgart: Arnoldsche Art Publishers, 2009.

[69] Jünger Hermann, Jünger Eva, Hufnagl Florian. Found treasure: Hermann J ü nger and the art of jewelry [M]. London: Thames & Hudson, 2003.

[70] Ward Schrijver, Jorunn Veiteberg, Felieke van der Leest. the zoo of life: jewellery & objects, 1996-2014[M]. Stuttgart: Arnoldsche Art Publishers, 2014.

[71] Anne Britt Ylvisåker, Cecilie Skeide. Liv Blåvarp: jewellery, structures in wood[M]. Stuttgart: Arnoldsche Art Publishers, 2017.

[72] Die Neue Sammlung. Tone Vigeland. Jewellery, Objects, Sculpture [M]. Stuttgart:Arnoldshe Art Publishers, 2017.

[73] Schadt Hermann.Goldsmiths' art:5000 years of jewelry and hollowware [M]. Stuttgart: Arnoldshe Art Publishers, 1996.

[74] Phillips Clare.Jewelry : from antiquity to the present [M]. London: Thames & Hudson, 2008.

[75] Phillips Clare.Jewels and jewellery [M]. London: V&A Publications, 2000.

[76] Lindemann Wilhelm.Gemstone Art: Renaissance to the present day[M].Stuttgart: Arnoldsche Art Publishers, 2016.

[77] Falk Fritz.Art nouveau jewellery from Pforzheim[M]. Stuttgart: Arnoldsche Art Publishers, 2008.

[78] Ettagale Blauer. Contemporary American Jewelry Design[M].New York: Van Nostrand Reinhold, 1991.

[79] Liesbeth den Besten.On Jewellery:A Compendium of international contemporary art

jewellery[M].Stuttgart: Arnoldsche Art Publishers,2012.

[80] Ander GaLI, Petra Holscher, Hege Henriksen.Aftermath Of Art Jewellery[M]. Stuttgart: Arnoldsche Art Publishers, 1988.

[81] Kadri Mälk. Just Must—Black International Jewellery[M].Stuttgart: Arnoldsche Art Publishers, 2008.

[82] Catherine Mallette.Art Jewelry Today[M]. Atglen: Museum of Arts and Design, 2014.

[83] Ilse－Neuman Ursula. The Jewelry of Margaret De Patta: Space Light Structure[M].New York: Museum of Arts and Design,2012.

[84] Lewin.Susan. American Art Jewelry Today[M].New York:Abrams,1994.

[85] Deborah Krupenia. Art of Jewelry Design[M].London: Quarry Book,1997.

[86] Dona Z.Meilach. Art Jewelry Today[M].Atglen: Schiffer Publishing,2003.

[87] Amanda Game, Elizabeth Goring. Jewellery Moves:Ornament for the 21st Century [M]. Scotland: National Museums of Scotland,2006.

[88] David Watkins. Jewellery: Design sourcebook[M].London: New Holland Publishers,1999.

[89] Peter Dormer, Ralph Turner. The new jewelry: trends + traditions[M].London: Thames & Hudson,1994.

[90] Helen Drutt. Brooching It Diplomatically:A Tribute To Madeleine K. Albright[M]. Stuttgart:Arnoldsche Art Publishers,1988.

[91] Joanna Hardy. Collect Contemporary Jewelry[M].London: Thames & Hudson Ltd,2012.

[92] Kelly H.L'ecuyer.Jewelry by Artists in the studio, 1940－2000[M].Boston: MFA publications, 2010.

[93] Susan Grant Lewin.One of A Kind －Amerian Art Jewelry Today[M].New York:Harry N Abrams Inc,1994.